U0183069

出发！寻找中国植物

GO! Find the Native Plants

米莱童书 著/绘

北京理工大学出版社
BEIJING INSTITUTE OF TECHNOLOGY PRESS

米莱童书

米莱童书是由国内多位资深童书编辑、插画家组成的原创童书研发平台。旗下作品曾获得 2019 年度"中国好书"，2019、2020 年度"桂冠童书"等荣誉；创作内容多次入选"原动力"中国原创动漫出版扶持计划。作为中国新闻出版业科技与标准重点实验室（跨领域综合方向）授牌的中国青少年科普内容研发与推广基地，米莱童书一贯致力于对传统童书进行内容与形式的升级迭代，开发一流原创童书作品，适应当代中国家庭更高的阅读与学习需求。

特约审阅（按姓氏拼音排序）

何　鑫　上海自然博物馆副研究员
上海科普作家协会理事
自然科普达人，知名科普作家

胡　君　中国科学院大学植物生态学博士
中国科学院成都生物研究所助理研究员

原创团队

策 划 人：刘润东　魏　诺　韩茹冰
创作编辑：王怡秋　陶　然
绘 画 组：杨　静　都一乐　叶子隽　金思琴　吴鹏飞　臧书灿　徐　烨
科学画绘制组：吴慧莹　滕　乐　刘　然　阮识翰
美术设计：刘雅宁　张立佳　汪芝灵　马司雯

目录
CONTENTS

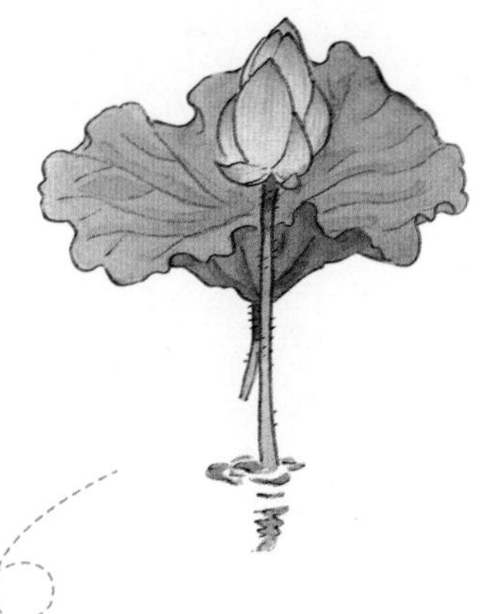

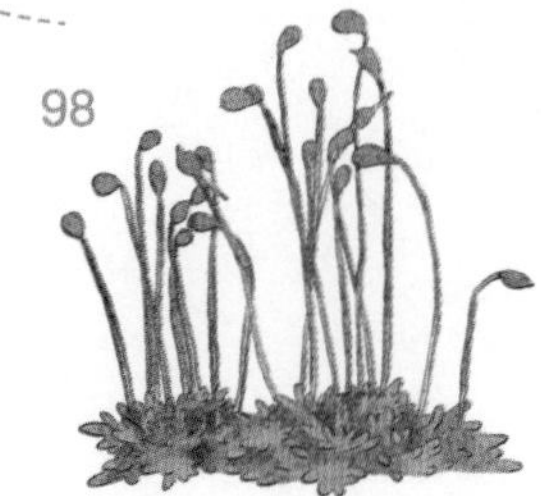

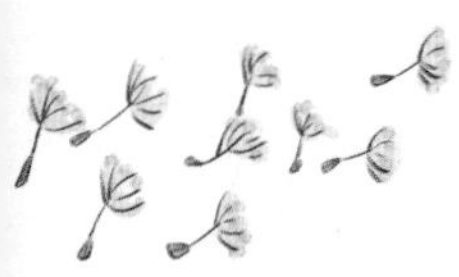

在日常的网络世界里，平时大家都会刷刷热点新闻或关注下自己感兴趣的话题。但不知从什么时候开始，平静的网络世界里突然涌起了一股寻找植物的潮流。

而这一寻找植物热潮事件的主角，是一位自称为无所不知的植物博士的神秘人物。

没有人知道它长什么样子，是男是女，甚至是猫是狗都不得而知。

植物博士非常的骄傲，觉得自己什么都知道，还喜欢向别人炫耀自己知道关于植物的知识。大家听闻了它的厉害，也开始在网上向植物博士提出各种关于

植物的问题，但对方总是能立刻给出问题的答案。

渐渐地，大家在自然界中碰到自己不认识的植物，都会拍照发给植物博士，有的人甚至会为了考验植物博士而给它发一些稀奇古怪的照片。这下，更激起全民对植物博士动态的关注。

看着大家如此热情，于是，植物博士就在自己的主页发布了一个任务：

只要能找到连植物博士都不认识的植物，就会奖励神秘大礼！

第一章 开始挑战！

植物博士发布的任务一下子上了新闻，许多人闻讯立刻展开了寻找植物的行动。当然，这次参与行动的人也包括安安和乐乐。

“植物博士发布任务了！”安安看到植物博士发布的任务，一大早就激动地打电话告诉自己最要好的小伙伴乐乐，“如果可以找到一种连植物博士都不认识的植物，就会获得植物博士准备的神秘大礼！”

“一份神秘大礼？”电话那头原本睡眼惺忪的乐乐立马瞪大了眼睛，激动地握紧了小拳头，眼睛里闪烁着光辉，心里想着一定要找到一种连植物博士也不认识的植物。

就这样，植物博士发布的消息一下子激起了安安和乐乐的挑战欲和好奇心。

挂掉电话的两人约定好在乐乐家碰头，准备商量此次行动的计划。

“连植物博士都不认识的植物……”安安坐在桌

子边，用手托着小脑袋仔细想着，“想要难住植物博士，可不是一件很容易的事呀！我们得好好找找。”

活动才刚刚开始，已经有很多人发送植物照片去挑战了，但他们都以失败告终。

在安安心里，大名鼎鼎的植物博士就像是一个无所不知的天才，想要打败这样的天才，两人真得下一番功夫。

围着家里面转了一圈的乐乐此刻也坐在沙发上，嘟着小嘴，看出来他也没有任何头绪。

外面的风轻轻吹动着书房的窗帘。

这时，窗帘后面的小窗台上，几盆小植物出现在两个人的面前。

“对呀！”乐乐一拍大腿，原本一筹莫展的脸上突然明亮了起来。“妈妈前几天在书房的窗台上放了几盆水仙，要不是妈妈告诉我它们的名字，我还真以为它们就是几根插在水里的韭菜呢！”

乐乐的这番话逗笑了在一旁研究水仙的安安。

安安倒是认识水仙这种植物。因为前阵子是春节，安安跟着爸爸妈妈去姑妈家做客的时候在姑妈家见过这种植物，那个时候她才知道这种植物的名字叫水仙。不过，她也只知道这些了。

“就是它了！”安安边说边拿出从爸爸那里借来的相机，“看看植物博士会不会混淆这种长得像韭菜的植物。”

植物博士时间

TO:

乐乐、安安：

很高兴收到你们发来的照片，不过很遗憾，你们没有难住我，我可是无所不知的植物博士！虽然照片里的这种植物下面看起来像大蒜，叶子像韭菜，顶上还开着那么几朵像太阳蛋的黄白相间小花，但这其实是一种名叫水仙的植物。水仙花别称金盏银台、玉玲珑，以一圈标志性的金色副花冠得名，它们竖立在白纸般的花瓣中间，在水中亭亭玉立，宛如仙子踏着清波，所以水仙也被称为“凌波仙子”。

如果让我形容水仙，那就是根如银丝，绿叶葱翠，芬芳馥郁，格外动人。水仙花开正值农历春节，几乎家家户户都会摆上几盆水仙花为家中增添一丝灵动，我也不例外。它不仅可以为节日增添光彩，还能给家人带来一份绿意和温馨，象征着来年的好运气。春节赏水仙也是从古代就有的习俗。

信封里还有其他关于水仙的信息分享给你们，不要忘记查看哦。

欢迎你们继续向我发起挑战！

无所不知的
植物博士

水仙

Narcissus tazetta subsp. *chinensis*（M.Rome.）

别名 中国水仙

科 石蒜科

属 水仙属

花期 1—3 月

果期 4—6 月

分布区域 我国各地普遍引种栽培

可爱的球状茎

仔细观察，会发现水仙有特别可爱的球状茎，这一类植物叫作球根植物，除水仙之外，还有郁金香、番红花等。

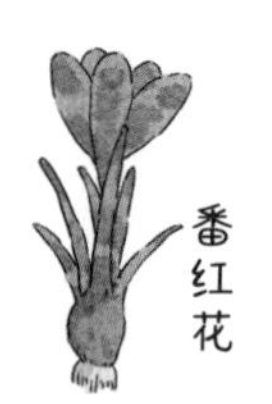

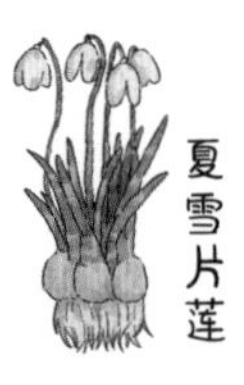

水仙可不是韭菜，不能乱吃

水仙不开花时，叶片像韭菜，可它却不是韭菜，其蒜头般的鳞茎有石蒜碱，具有毒性，所以千万不要嘴馋吃它。其实我们盆栽的植物很多都有毒，如夹竹桃、滴水观音，这也是植物的一种自我保护。

水仙离开水也能活

我们一般见到的水仙都是养在水里的，其实水仙离开水也可以活。在福建、漳州等地的水仙就是种在沙土里的，选一两枚水仙种球，种在土盆里也能成活。

如果你们还想知道更多的信息，欢迎用问题轰炸我！

——植物博士留言

制作水仙小盆栽

初冬时节选取水仙种球，洗干净球体上的泥土，剥去水仙种球外面那一层褐色的皮膜，让它在阳光下晒3~4小时。用刀在水仙种球的顶部划“十”字，大约深1厘米。放入水中浸泡24小时。

将水仙种球放入一个浅盆中，加水入盆，大概浸没种球的三分之一即可。

水仙要每隔2~3天换一次水，如果花苞长出后，就可以改成7天换一次水。还要保证水仙有足够的光照，这样水仙花会开得更加娇艳。

最近总是淅淅沥沥地下点小雨，好不容易等到雨停，今天也正好是周末，安安决定出门去透透气，顺便看看自己身边还有哪些能够难住植物博士的植物。

这时，爸爸从菜市场买菜回来了，安安接过爸爸的手提袋，却在袋子里发现了一捆特别的蔬菜，因为它们看起来又紫又绿的，而且还是没长大的新芽。

安安询问爸爸才得知，这是隔壁李伯伯家门口那棵高大的香椿树上结的椿芽。

“回家的路上碰见正在摘香椿的李伯伯，送给咱们一捆。李伯伯还特别嘱咐让爸爸炒给你吃呢！”爸爸笑着说。

“香椿的树叶也能吃吗？”安安显得有些惊讶。

“现在呀，是吃香椿最好的时候呢！”爸爸刮了一下安安的小鼻子，“一会儿你就知道了。”

热气腾腾的香椿炒鸡蛋一上桌，安安皱起了眉头。

“哇！这是什么味道啊！”安安皱着眉头，捏紧了鼻子。

看得出，安安并不喜欢这个味道，但爸爸却非常喜欢吃香椿炒鸡蛋这道菜。

“有了！”安安灵机一动，“看看植物博士会不会猜对这是什么植物吧！”

植物博士时间

TO:

乐乐、安安：

很高兴收到你们的照片，但刚收到照片时我还纳闷呢，怎么直接来了一盘菜？还好被火眼金睛的我给识破了，这不是香椿嘛！透过照片我都能闻到香椿幼芽浓烈的香气，看得出来做这盘菜的人厨艺不错，说到这里我都流口水了。

回到正题，作为香椿树的嫩芽，它是可食用的，而且味道也鲜香可口。我国早在汉代就开始吃香椿幼芽了。但它不是一直可以吃的，一旦谷雨之后，嫩芽逐渐木质化，鲜味不再，所以“吃椿”的习俗只在谷雨之前。也是因为吃香椿的时间有限，香椿芽才更加珍贵。

在吃香椿这件事上，人们也发挥着各自的想象力，创造出多种多样的吃法：香椿炒鸡蛋、香椿拌豆腐、炸香椿鱼、油泼香椿莜面……香椿和其他菜肴的多种组合，拼出了专属春日的柔和色彩，仿佛餐桌上的一缕暖阳。香椿的味道有点特别，有人觉得怪怪的不喜欢；对于喜欢的人来说，它闻起来有种春日特有的生命力，令人全然沉浸在春天的味道里。

好了，这就是我这次的解答，下次有机会可以尝尝我的手艺哦。

欢迎你们继续向我发起挑战！

无所不知的
植物博士

香椿

Toona sinensis (A. Juss.) Roem.

① 花枝
② 老叶枝条
③ 果枝
④ 新叶
⑤ 花切面

别名 香椿芽、香桩头、大红椿树、春苗

科 楝科

属 香椿属

花期 6—8 月

果期 10—12 月

分布区域 全国各地均有生长

香椿果实

香椿的果实

香椿的果实长得很有趣，成熟时是开裂的，叫蒴（shuò）果，蒴果是干果的一种类型，通常有开裂。

香椿的味道，有人爱，也有人恨

有人说“食无定位，适口者珍”，香椿的味道有些人特别喜欢，有些人就唯恐避之不及。可为什么人们对香椿爱恨这样极端呢？香椿的特殊味道可以说是混合了石竹烯、丁香烯等气味成分，所以会发出一种柑橘、樟脑和丁香的混合香气。同时，香椿中的含硫化合物带有一定的刺激性，常表现出大蒜、洋葱、硫黄之类的味道。

除了特殊的香味儿，香椿还有种特殊的鲜味儿，这是谷氨酸在起作用，所以，不用加味精就已经是极鲜的存在了。就因为这样，有人能吃出花朵的味道也就不足为奇了。

有香椿，还有臭椿呢！

香椿和臭椿不仅长得像，连名字都是相似的，大家就会想当然地认为它们应该是兄弟俩。其实它俩分属不同的科，香椿是楝科、香椿属，臭椿是苦木科、臭椿属。其实它们也很好区分，因为气味很不相同，香椿含有挥发性芳香族有机物，闻起来是沁人心脾的浓香味，而臭椿是一种像臭虫和青草混合的怪异的臭味。

如果你们还想知道更多的信息，
欢迎用问题轰炸我！

——植物博士留言

一大早，被窝里的安安就被乐乐的电话吵醒了，最近本来回暖的天气突然气温骤降，躲在被窝里的安安伸了伸懒腰，才起身去接电话。

乐乐着急地询问上次挑战植物博士的结果，安安把经过一五一十地告诉了他。听到失败之后，电话那头的乐乐明显沮丧了一下，但语气很快又欢快起来。

“安安，我发现一件很奇怪的现象，我家花园里的其他花，不管是红色、黄色、粉色，还是各种其他颜色的，它们都有叶子，可是为什么唯独玉兰花就没有叶子呢？玉兰花不觉得孤单吗？”乐乐迫不及待地把自己发现的奇怪现象告诉了安安。

安安仔细想了想，她对乐乐家花园的白玉兰还是有点印象的，印象中的白玉兰像一个个白色小酒杯一样挂在树上。因为花朵太美，安安曾经还捡起过一朵掉落的玉兰花收藏了起来，把它夹在了一本厚厚的字典里。

但是，至于乐乐说到的这个问题，安安也没有答案。

挂掉电话后，安安找出来那本字典，仔细端详着自己收藏的玉兰干花。虽然因为时间的原因导致花朵有些脱色，但还是能依稀看出来玉兰花瓣完整的轮廓。

“或许植物博士可以解答我们的疑问，”安安小心翼翼地拿出收藏的白玉兰干花，“说不定植物博士还不知道我手里的花是什么呢！”

植物博士时间

TO:

乐乐、安安：

很高兴再次收到你们的来信，看得出照片中是一朵干花，但还是难不倒我植物博士，这是一朵玉兰花，并且你们的疑惑更加坚定了我的推测。

那么现在，让我这位无所不知的植物博士来告诉你们答案。

古代人经历了漫长的寒冬，特别盼望春天的到来，所以又把早春二月开的玉兰花，叫作望春花。

玉兰也长叶子的，只是会晚一些，它先开花后长叶，其实是由它的花芽和叶芽对于温度的要求决定的。与叶芽相比，玉兰花的花芽对于温度的要求更低，所以在春天气温稍有回升的时候，花芽便在春风的抚慰下迎风盛开了。而叶芽要在天气变得更加温暖时才会长出叶片。所以，玉兰总是先开花后长叶。和它一样先开花后长叶子的植物，还有蜡梅、迎春和木棉等。你们看，玉兰花并不孤单，只是它的小伙伴会晚来一些。

玉兰花素净淡雅，也赢得了上海市民的青睐，1986 年玉兰花成了上海市的市花，象征着一种开路先锋、发奋向上的精神。

另外，告诉你们一个小秘密，每朵玉兰花不多不少都有 9 片花瓣，这也是为什么最初我可以一下子就认出它的重要原因。不信的话，可以仔细数数看哦！

欢迎你们继续向我发起挑战！

无所不知的
植物博士

玉兰

Yulania denudata (Desr.) D. L. Fu

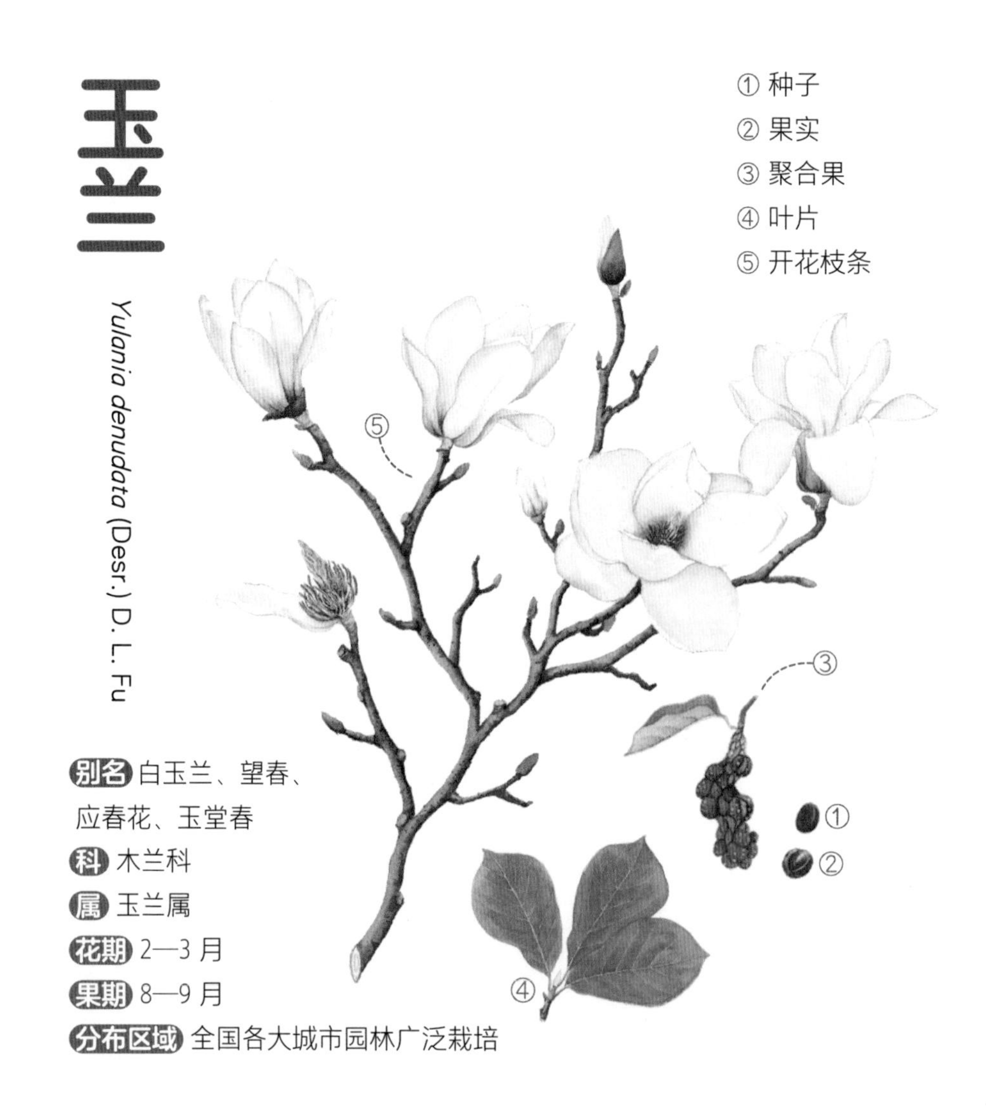

别名 白玉兰、望春、应春花、玉堂春

科 木兰科

属 玉兰属

花期 2—3 月

果期 8—9 月

分布区域 全国各大城市园林广泛栽培

玉兰全身都是宝

玉兰是插花的优良材料。玉兰的花瓣中含有芳香油，是提取香精的原料。另外，玉兰花的花瓣可食用，香甜可口；种子可榨油；木材可供雕刻用。

千姿百态的玉兰果实

夏秋季节，玉兰的枝叶间会挂着一大束一大束粉色的果实，果实会长成奇特的形状，有时会像小动物，有时像小狗，有时像小鸡……多么神奇的大自然啊！

会“荡秋千”的种子

玉兰果实成熟以后，果皮裂开，包裹在里面的种子就会露出来。这时，鸟儿会来觅食，顺便帮助玉兰传播种子。

玉兰的种子可聪明了，为了吸引鸟儿的注意，它们可不会让自己掉到地上，而是会用一根长长的丝将自己和果蒂牢牢地连在一起，等着鸟儿来吃。如果有风吹过来，吊着丝线的种子就会晃晃悠悠地荡起秋千。鸟儿吃了种子，拉便便的时候就会把种子排出来，也就间接地帮助玉兰传播种子了。

“十月怀胎”的玉兰花苞

秋天的玉兰树上，除了果实之外，还能看到一些毛茸茸的像毛笔头一样的花苞，这些花苞可不是在秋天绽放的，它们会静静地待在枝头，一直到第二年春天来临，玉兰花苞经历了“十月怀胎”，终于孕育出美丽的花朵。

如果你们还想知道更多的信息，
欢迎用问题轰炸我！

——植物博士留言

第二章 外面的惊喜

太阳慢慢下山了，安安和乐乐背靠着背坐在玉兰树下，一起欣赏着落日的余晖。

“原来玉兰是因为温度的关系先开花后长叶，玉兰花还是有小伙伴的呀！”乐乐也从植物博士的回信中知道了答案。

落日的光影透过树枝缝隙落在两人的小脸上，金灿灿的，周围的一切也像被赋予了一种魔力一样，显得格外宁静与和谐。

安安低头默默地看着植物博士的那封回信，仿佛有些心事。

“这次真是见识到植物博士的厉害了，”乐乐托着腮小声嘟囔着，“咱们选出来的植物都没能难住植物博士，这可怎么办呢……”

“没关系的，”安安抬起头微笑着说，“这才刚开始，虽然身边的植物没有难住植物博士，但我们还可以多去外面走走，总能找到植物博士不知道的植物的！”

夕阳的余晖下，安安的笑容里充满了希望，瞬间给了乐乐一种无形的力量。

“好！”乐乐站起身，看向落日的眼神坚定了许多。

两人互相打气后又恢复了之前的斗志，时间也不早了，安安起身拍拍屁股上的尘土，准备回家。乐乐把安安送到家门口，安安刚准备跟乐乐告别，突然被大门口的小石阶两边大片大片的花丛惊艳到了。

夕阳的余晖照在花丛上，像是在上面撒上了一层金粉一样，亮闪闪的，格外好看。

“好美啊！”安安不禁发出赞叹。

这些花朵有的在地上蔓延，有的从灌木丛攀到了高处，有的甚至被安置在小花盆里打造成了微型盆景；有的花茎上只开一朵花，有的开得密密麻麻，仔细一看，它们的茎和叶子上都长着尖尖的小刺。

“这是玫瑰吗？”看得入迷的安安这下子都快忘记要回家了。

“这是月季，提到玫瑰倒是让我想起来一件事，”乐乐一下子来了兴致，“那天爸爸嘲笑我买给妈妈当生日礼物的玫瑰是月季，后来我仔细和花园里的月季一对比，发现这两种花确实很像呢。我到现在也很迷糊。”

听了乐乐的一番话，安安点了点头，就是这些刺让她也差点认成玫瑰。

“不过，”乐乐拉着安安来到自己家花园的一处小角落，“爸爸前些天也带回来一盆和玫瑰长得很像的花，但它的茎和叶子上却没有刺，在整个花园里都显得格格不入了。”

安安看到那盆花一眼就认出来了，笑着说：**“这是牡丹啦！是‘花中之王’，**也是我们的国民之花。你肯定在很多地方都见过它，比如一些刺绣、瓷器和壁画上面。”

“原来它就是牡丹啊！”乐乐挠挠头，忽然眼前一亮，“不如我们拍下来发给植物博士，看看博士会不会认成玫瑰。”

“要说像玫瑰的话，”安安看向旁边大片的月季，“我们不如拍月季，它们都带刺，说不定更容易被植物博士混淆呢！”

两人一拍即合，拍下了这片夕阳下的月季花丛。

TO:

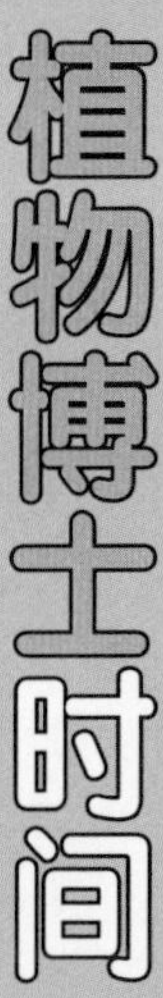

乐乐、安安：

感谢你们带给我夕阳下的月季美景，不过我没猜错的话，你们大概以为我会错认成玫瑰吧？因为这两种花真的很像。其实人们常说的“玫瑰”，是现代月季，它和真正的玫瑰有些不同。

现代月季是由欧洲园艺家用中国月季、玫瑰和蔷薇反复杂交而培育成功的品种，它的花色很丰富，黄、绿、蓝、黑、白、红、粉等都有，一般来说香气也比较浓郁，在适宜条件下全年都可以开花，品种更是数不胜数，我相信你家花园里就特别多。

在西方国家，男性表达爱意通常会送对方“玫瑰”，因为在欧洲现代文明起源地之一的古罗马，玫瑰象征他们的爱神丘比特以及美神维纳斯。比较而言，玫瑰的名称也更适合表达爱意，起码比现代月季要浪漫。于是，这个美丽的误会就一直延续了下来。其实真正的玫瑰的茎比较粗，上面有很多小刺，花朵的颜色也不是特别漂亮，现在一般用来提炼精油，作为香料植物来使用。

不过不管是现代月季还是玫瑰，人们赠送给对方，用来表达的爱意却是满满的。

好了，这就是我的回答，欢迎再次挑战！

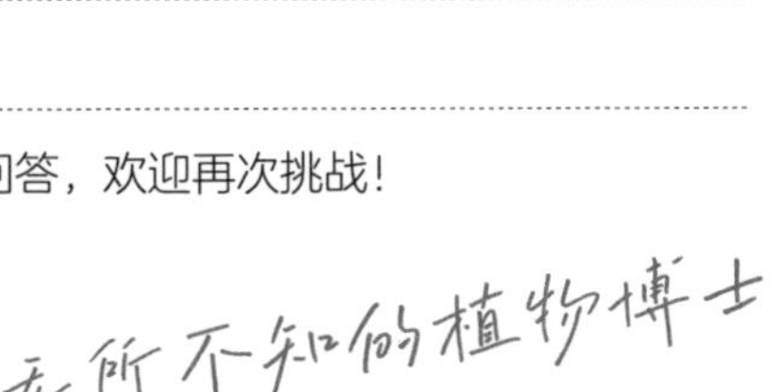

拿破仑的妻子——约瑟芬皇后钟爱月季，在巴黎郊区建立了马尔梅森月季园，收集了很多月季品种。

月季花

Rosa chinensis Jacq.

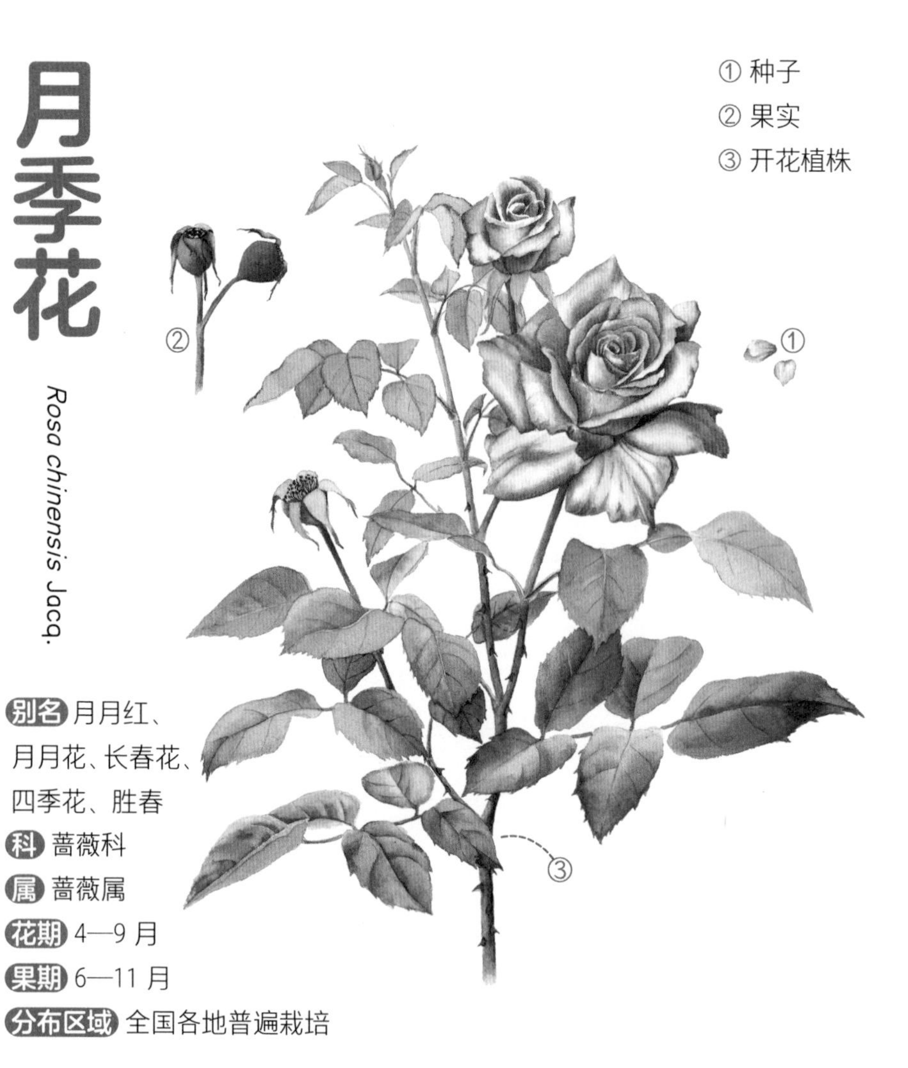

别名 月月红、月月花、长春花、四季花、胜春

科 蔷薇科

属 蔷薇属

花期 4—9 月

果期 6—11 月

分布区域 全国各地普遍栽培

蔷薇科是植物中的名门望族

我们常见的花卉大多集中于被子植物的蔷薇科、菊科和兰科等家族。而蔷薇科家族就是其中的名门望族。在日常生活中除了食用的桃、李、杏、草莓等植物外，还有一大部分观赏花卉也属于蔷薇科，如各种绣线菊、绣线梅、蔷薇、月季、海棠、梅花、樱花、碧桃、花楸、棣棠和白娟梅等。蔷薇科植物在世界各地的庭院绿化中占有重要的位置。

带刺的月季

月季长得比较矮小，娇嫩美丽，还有浓郁的香气，所以叶、花、芽很容易被动物取食。在进化的过程中，月季枝条的表皮上长出锋利的硬刺隐藏在枝叶间。动物若是来啃食叶子、花苞，就会被这些隐藏在叶子间的刺刺伤，被刺痛的动物以后就不敢再靠近月季了。月季不仅枝条上有刺，连叶子边缘也都有刺。

古老的中国月季

月季属于我国的原生种，相传神农时代已有种植，汉代就已经广泛栽培。唐代种植月季已极为盛行。月季后来传入世界各地，中国月季是世界月季之母，被欧洲称为“中国蔷薇”。

18世纪时，4种中国古老的月季品种由探险家传到了欧洲，它们是月月粉、月月红、绯红茶香月季以及黄色茶香月季。1867年培育成功的“天地开”杂种香水月季，是现代月季诞生的标志。该品种由法国人把中国月季与当地的欧洲蔷薇经数代杂交而成。

“蓝色妖姬”的秘密

人们在花店里能看到的一种蓝色的月季，叫“蓝色妖姬”，就并不是生来就是蓝色花朵，而是经过人工加工的。这种技术最早来自荷兰，就是把快成熟的白色月季剪下来，插入装有蓝色颜料的容器里。染料顺着花茎进入花瓣内，花朵就变成蓝色的了。

因为自身没有产生蓝色色素的基因，蓝色的月季非常稀缺，因此“蓝色妖姬”受到了人们的追捧。除了染色，还有别的办法“打造”出蓝色月季吗？随着生物技术的发展，科学家们利用转基因技术，从其他蓝色花卉中提取出了“蓝色基因”，然后植入月季中，使月季也能合成蓝色色素，从而让“蓝色妖姬”奇迹般地诞生。

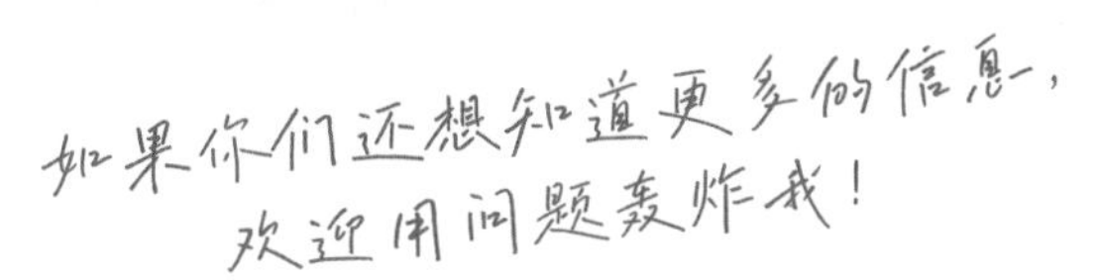

——植物博士留言

“植物博士难道会读心术吗？不然怎么会知道我们心里想的事啊！”

乐乐从安安的电话里听到这次植物博士的回信，一下子从沙发上弹了起来，表情里透露出一副难以置信的样子。

“别担心！”安安安慰着乐乐，“今天天气这么好，不如一起去植物园看看，说不定就有植物博士不知道的植物在等着我们呢！”

春风如约而至，吹暖植物园的每一个角落，带来一阵清新的气息。这时，乐乐注意到一个毛茸茸的小东西落在了安安的头发上，顺手拿了下来。

“咦，这是什么呀？”乐乐把它捧在手心里。它看起来像是一片小小的白色羽毛，安安也被吸引了过来。很快，两人就注意到身边飘着许多这样如羽毛般轻盈的小东西。安安望向四周，想找到它的源头。

“快看那边！”眼尖的乐乐注意到不远处的花丛下，有一株迎风飘落“小羽毛”的植物。两人蹲下身，小心地掀开旁边花丛的叶子，一个个毛茸茸的小球出现在眼前。安安试着像风吹过它们一样，对着它们轻轻吹了口气，原本完整的小毛球一下子被分散成了许多个“小羽毛”，在半空中顺着风向飘向了远方。

“哇！”安安和乐乐惊喜地叫了出来，他们从来没见过这种植物，“拍给植物博士！”两人几乎异口同声地喊出了这句话。

“看看植物博士会不会猜出这是什么植物！”

植物博士时间

TO:

乐乐、安安：

作为无所不知的植物博士怎么会不知道这种植物的名字呢？这种长着白色毛球的植物叫蒲公英，它是一种生命力很顽强的植物，只要生长的条件适宜，不管是在马路旁、田野上，还是在山坡、高原上，都能看到它们的身影。

我们平时看到的蒲公英的花实际上是个头状花序，它由很多的小花组成，经过昆虫授粉，里面的种子就慢慢成熟，每一颗种子上都带有一团毛绒样的东西，很轻。风一吹，种子便随风飘到很远的地方去，就像一把把小小的降落伞。风一停，种子就会落下来，遇到条件合适的新环境就可以生根发芽，孕育新生命，长成一株新的蒲公英。我相信，你们肯定吹过一整个蒲公英的小毛球吧！带着种子四散开的白色毛絮是不是特别好看呢？对了，你们知道吗？蒲公英的英文名字来自法语，意思是狮子牙齿，因为蒲公英叶子的形状就像狮子的满口尖牙，是不是很形象？你们发现了吗？蒲公英的叶子是从根部上面一圈长出来的，围着一两根花葶，花葶是空心的，折断之后就会有乳白色的汁液。你们可以试试看哦！

还有其他的信息分享给你们，希望我的回答可以带你们了解更多关于蒲公英的知识。

欢迎你们继续向我发起挑战！

无所不知的植物博士

蒲公英

Taraxacum mongolicum Hand.-Mazz.

别名 黄花地丁、婆婆丁、华花郎

科 菊科 **属** 蒲公英属

花期 4—9 月 **果期** 5—10 月

分布区域 广泛生于全国中、低海拔地区

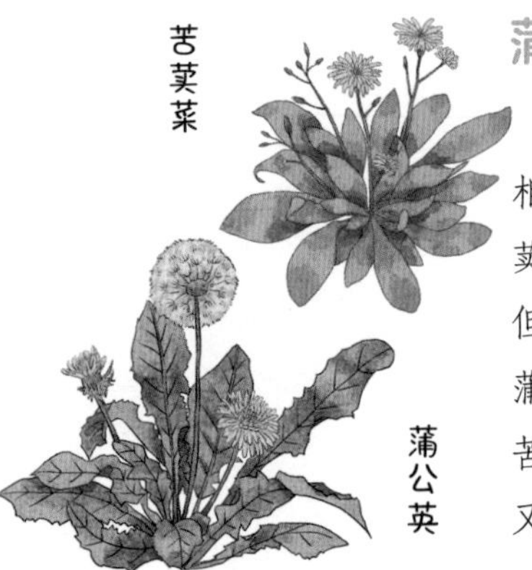

蒲公英的“双胞胎”

春天出门踏青，你会发现一种野菜和蒲公英非常相似，就像“双胞胎”，很多人都会认错，这就是苦荬（mǎi）菜。它们都开着小黄花，叶子上都有锯齿，但是它们的叶子形状不一样，苦荬菜花朵的颜色也比蒲公英更浅一些。不过它们掰开都会流出白色的乳汁。苦荬菜和蒲公英一样，也是一种鲜嫩的野菜，既美味又营养，可以清炒、凉拌，还能包饺子。

会借风“旅行”的蒲公英

蒲公英是利用风来进行种子传播的。蒲公英花葶上亮黄色的花，其实是由无数朵小花组成的。每一朵小花凋谢了以后，都会结出细小而长的果实，每一个果实上方还长有白色冠毛，这些冠毛聚集在一起，形成一个圆滚滚、毛茸茸的小球。这样的外形可以让受风面积变大，只要风一吹，白色冠毛便会带着下方的果实，一起随风飘散到四处。蒲公英果实伸展开来的白色冠毛，看起来就像是一把小白伞，不但可以增加空气浮力，也像是一个小型飞行器，载着果实成熟的种子，乘风展开旅行。冠毛能让风把种子带得更远，让蒲公英的族群分布的范围更广。

观察 蒲公英的花葶

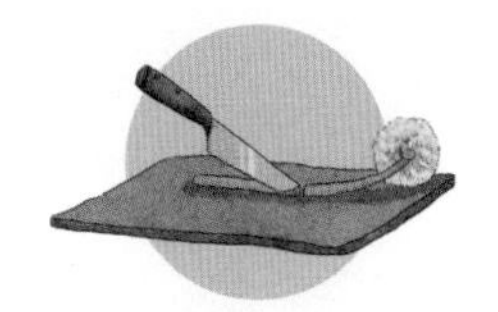

把蒲公英的花葶横向切开。

用放大镜观察花葶的横切面。

蒲公英的自卫神器

植物虽然没法像动物那样移动,但为了不被动物吃掉,它们都有灭敌的“武器”。

蒲公英能分泌一种白色液体，它是蒲公英的体液，主要起着传输营养的作用。此外这种液体带一点黏性，可以粘在小虫子身上，小虫子一旦受此惊吓，往后就不敢来偷嘴了。

虽然我还没有试过，但听说蚂蚁被它粘住了之后，想脱身都难。据说这种体液还是苦的，想必昆虫更加不会吃了吧？另外，当汁液往外冒的时候，病菌也没了可乘之机。

如果你们还想知道更多的信息，
欢迎用问题轰炸我！

——植物博士留言

马上就是**母亲节**了，安安和乐乐一大早就约好去商店为妈妈们挑选礼物和花束。可是礼物选好了，走到鲜花店的时候，乐乐却在买什么花上纠结了起来。

“我想在今年的母亲节送点不一样的花给妈妈，”乐乐朝眼前的花店深处望了望，“以前每年都是送康乃馨，我想，除了康乃馨以外，一定会有更有意义的花。”

乐乐的话使安安瞬间想到了什么，她对乐乐说道：“你听说过萱草吗？”乐乐听后带着好奇的目光摇了摇头。

“那天上语文课的时候，老师告诉我们，萱草花是比康乃馨更能代表母爱的花，但我也没见过它的样子，”安安说完拉着乐乐走进了眼前的鲜花店，“咱去看看，说不定能在花店买到呢！”

进花店后，店员姐姐把他们领到了萱草花的前面。那是一种有着类似百合花外形的亮橘黄色花朵，花朵下面是它细长的茎和叶，在周围淡色系的花束中显得格外鲜艳好看。

“如果说康乃馨是国际母亲花，那萱草花就是属于我们中国的母亲花哦！”店员姐姐微笑对他们着说。

“它真好看！”乐乐看得挪不开眼睛，“我想，我找到要送给妈妈的花了！”

而安安则是拿起了手机，走到了那束萱草花前。

“植物博士是否知道萱草花呢？”

植物博士时间

TO:

乐乐、安安:

能再次收到你们的挑战我真的很开心，不过让你们失望了，我还是知道这种植物的名字！它叫作萱草，又名忘忧草，代表着忘却一切不开心的事。这是一种原产于中国的古老植物。古时候，当游子要远行时，就会先在北堂种萱草，希望母亲能减轻对孩子的思念。这里的“北堂”在古代指的是母亲的居室或妇女的盥洗之所，而后也用“北堂”来代指母亲。

诗人孟郊就写过:“萱草生堂阶，游子行天涯。慈母倚堂门，不见萱草花。”而现代通信发达，即使不在母亲身边，也能常常联络，可是这种含蓄又美好的表达被人们遗忘还是很可惜的。所以除了康乃馨，你可以送萱草给妈妈，她一定会很欣喜。

对了，有一种植物跟萱草特别像，可不要搞混，那就是黄花菜。你们肯定听过一句俗语——黄花菜都凉了，说的就是它。据说湖南衡阳一带自古就有一种民间礼节，就是酒席之后上一道黄花菜炖汤解酒，如果酒客还没见到最后一道黄花菜汤上桌，那就是主人还没有遣客之意。而黄花菜都凉了，就是说大家都已经酒足饭饱、吃完解酒菜了你才来，比喻来得太迟。

信封里还有分享给你们的其他相关信息，不要忘记查看呦！

萱草花开，愿天下所有的母亲幸福安康！

也欢迎你们继续向我发起挑战！

无所不知的植物博士

萱草

Hemerocallis fulva (L.) L.

① 果实 ② 根 ③ 开花植株

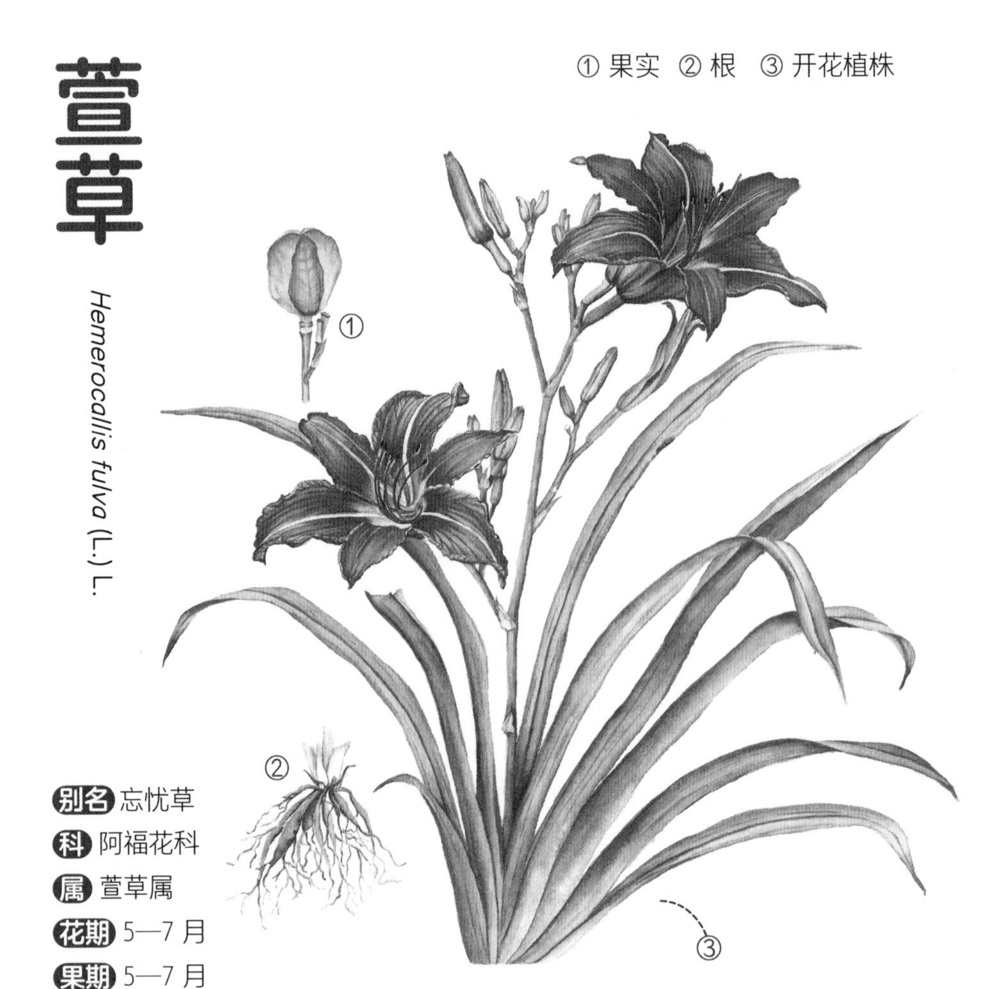

别名 忘忧草
科 阿福花科
属 萱草属
花期 5—7 月
果期 5—7 月
分布区域 全国各地常见栽培，秦岭以南各省区有野生

美貌不输百合的萱草

萱草的花型很像百合，所以萱草又名“一日百合”。它的属名 *Hemerocallis* 意思是一日之美，常常是在凌晨开放，日暮即闭合，午夜就枯萎凋谢了，美丽的时间只有一天。可实际上萱草的整体花期比较长，能从初夏一直开到秋天。

芦荟也是阿福花科

萱草不是“黄花菜”

萱草花和黄花菜很像，它们是近亲。但是萱草一般种植在花坛中，用作观赏，花色一般呈橘黄色，有的甚至接近红色。花茎挺拔，花色亮丽，是布置花镜的好材料。

而黄花菜是萱草属植物的一种，一般出现在菜地里，黄花菜花朵比较瘦长，花瓣较窄，花色嫩黄。除黄花菜外的萱草属植物多半不能吃，它们都含有秋水仙碱素，这种物质虽然本身没毒，但是进入人体后被氧化，会生成一种剧毒。人们平时吃的黄花菜，都是经过处理的。

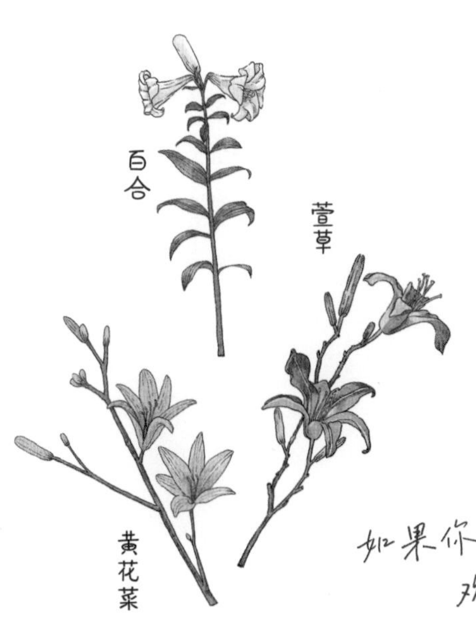

中国古代的父亲之花

萱草是母亲之花，那么古代的父亲之花是什么呢？成语“椿萱并茂”中的椿和萱指的是香椿和萱草，分别代称父亲和母亲。因为香椿寿命很长，而象征母亲的萱草可以使人忘忧，因此成语的意思是父母均健在、安康。

以椿代指父亲的说法源自庄子的《逍遥游》：“上古有大椿者，以八千岁为春，以八千岁为秋。”大椿就是香椿树。后人觉得既然大椿这么长寿，那么就当作父亲的美称好了，祈望父亲也能够如大椿一般高寿。所以，中国人以大椿为父亲树，是寄托了一份赤诚的孝心的。

如果你们还想知道更多的信息，
欢迎用问题轰炸我！

——植物博士留言

第三章 野外郊游的意外收获

坐在院子里的小板凳上，乐乐揪着从砖缝里长出来的小草，对着身边的安安说道：“现在要怎么办啊……”

两个人都要把身边能见到的植物找完了，却没有一种可以难倒植物博士。

对方总是能很快给出答案。

乐乐的声音很小，也很失落，好像遇到了一个特别大特别大的难题，难得让他都有些束手无策了。

“别灰心呀，”安安却伸出手解救了乐乐手下的小草，笑着说，“妈妈说这个周末要去野外郊游，我们可以一起去，然后再找找看有没有新的植物！”

安安站在阳光下，眼中闪着细细碎碎的光。她觉得这个世界还很大很大，还有很多她没有去过的地方，她一定可以找到植物博士不知道的植物！

乐乐似乎也被安安的情绪感染了，站起身来，用力地点了点头。

“好！”

很快就到了郊游这一天，安安看着车外不断后退的高楼大厦，按捺不住内心的激动，兴奋地说：“我有预感，我们今天一定能找到新的植物！”

乐乐也很开心，一扫之前心中的阴霾，“没错！原来城市外面还有这么多植物呀！”

他都已经看见好几种之前没有见过的花花草草了。

正当乐乐想要和安安分享时，却突然听见安安喊道：“你看，那是什么？！”

汽车停在了路边。

与繁忙的城市不同，这里到处充满着**自然的气息**，安安和乐乐呼吸着新鲜空气，甚至能闻到空气中夹杂的泥土、嫩草的清新和鲜花的清甜味儿。

而两个人顾不得欣赏郊外的美景，从车里跳出来就直奔安安看到的那株藤蔓去了。

眼前的这株藤蔓爬满了围墙，

茎细细的，交叉缠绕在一起。上面的花朵也很好看，像落在树枝上的羽毛，又像别在头发上的发卡，又白又亮。

“这儿还有金黄色的花呢！”乐乐眼睛一亮，拉着安安上前去看。

两人仔细观察着，发现这些醒目的金黄色小花还吸引了几只不舍离去的蜜蜂。

安安已经拿出了手机，她拍下来这大片藤蔓，当然，没有落下藤蔓上不同颜色的花朵。

“看看植物博士知不知道这是什么花！”

植物博士时间

TO:

乐乐、安安：

没有什么能难倒我植物博士！

这次又要让你们失望了，我当然知道这是什么花，这种植物通常叫作金银花。金银花刚开放时是白色的，过几天就变成黄色了，它白时如银，黄时似金，所以古人称它为金银花。还因为金银花一蒂二花，成双成对，形影不离，就像雌雄相伴的鸳鸯，所以也叫“鸳鸯藤”。

我知道的可不只有这些哦！金银花还有一个正名叫“忍冬”。你们知道为什么吗？其实，它的老叶在秋末枯落，但是叶腋间很快就会长出新叶，整个冬天都不凋谢。忍过冬天再开花，是不是很贴切？其实这些名称都很好地体现了它的特性。

啊，对了，如果你们再见到金银花，一定要闻一闻它的花香。它的花香不仅能吸引小昆虫，还对人有治愈作用，闻过后令人神清气爽、心情舒畅呢！

还有其他的信息分享给你们，别忘记查看哦。

欢迎你们继续挑战！

无所不知的
植物博士

忍冬

Lonicera japonica Thunb.

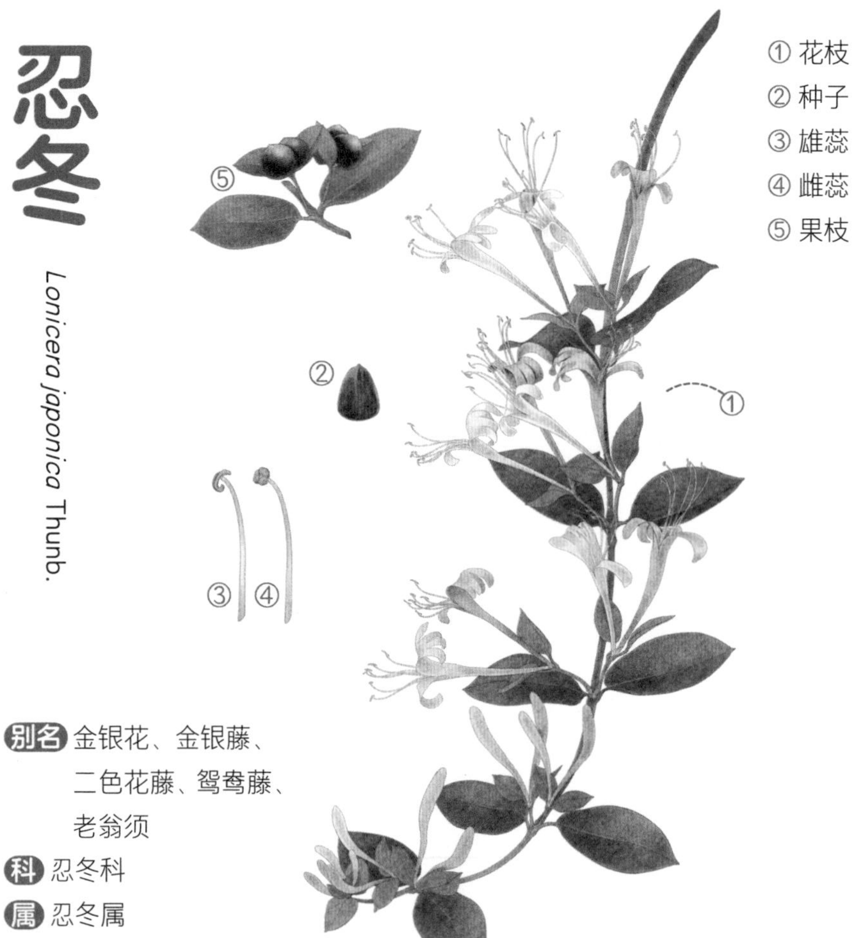

别名 金银花、金银藤、二色花藤、鸳鸯藤、老翁须

科 忍冬科

属 忍冬属

花期 4—6 月

果期 10—11 月

分布区域 除西北地区的全国大部分地区

金银花还能做成盆景

金银花喜欢阳光充足、湿润的环境。它的植株轻盈，秀丽清香，花叶俱佳，可以做成艺术盆景，有很高的观赏价值，赏心悦目，雅致至极。

金银花的花朵会变色

这是它和蜜蜂间的一种特殊语言，因为4月是很多花竞相开放的时节，蜜蜂和蝴蝶的工作也很繁忙，各种鲜花都会想方设法吸引它们的注意力。金银花为了提高传粉效率，让蜜蜂更容易找到适合自己的花粉花蜜，就会根据花朵的“年龄”来改变颜色。这样，蜜蜂就知道哪朵花是先开的，哪朵花是后开的，如此一来，就能帮植物更高效地传播花粉。

神奇的爬藤植物

金银花是一种像牵牛花那样缠绕生长的藤本植物，有着细细长长的茎。人们常把它种在花园里，让它沿着墙壁爬上去，长成一道美丽的“花墙”。

如果你们还想知道更多的信息，
欢迎用问题轰炸我！

——植物博士留言

端午节当天，安安一大早就出门了。

她一直满心期待着自己的端午节假期，因为今年的端午节也有赛龙舟比赛。而且，她早就跟乐乐电话约好假期去看赛龙舟，这可是他们每年端午节最喜欢看的节目。

两人一起来到河边，他们来得很早，但是河边已经非常热闹了，比赛还未开始，小溪边已经围满了准备为船员喝彩的人。

安安和乐乐为了看清比赛，选择了一处人少的地方，这里的水只漫过脚踝，还有一些大大小小的石头，石头旁边还长有一些细长又直挺的绿草，它们长得非常茂盛，远远望去，一片翠绿。乐乐被这些绿草的样子吸引了过去，蹲下观察了起来。

“它的叶子形状可真像一把宝剑啊，”乐乐站起身，摸着下巴思考起来，“但我总感觉在哪儿见过这种植物。”

“这不就是咱们每年端午节经常和艾草一起挂在大门上的菖蒲吗？”安安看向一旁的绿草，笑着对乐乐说，“妈妈告诉我它又叫‘水剑’，每到端午节，人们会把它和艾叶捆在一起，插在屋檐下和门窗上，说它可以‘斩千邪’呢！”

“原来我妈妈每年端午节挂在大门旁的绿色植物就是菖蒲呀，”乐乐不好意思地笑了笑，“我想，植物博士会不会也不认识这种像宝剑一样的植物呢？”

“我们可以拍下来发给植物博士！”

植物博士时间

TO:

乐乐、安安：

很高兴再次收到你们的来信！

照片里的这种植物叫作菖蒲，是不是以为我不知道这种听起来有些陌生的植物？哈哈，这可难不倒我植物博士！菖蒲是端午节节令的代表植物，可以算作端午节宠儿，是一种古老的“仙草”。每年的农历五月初五是端午节，从古代农事上说，这一天是夏天的开始。除了用赛龙舟、吃粽子的方式来纪念爱国诗人屈原，端午节也是我国古代的“卫生防疫节”。端午节后，天气会愈加炎热，暑气、疫病增多，人容易生病，所以人们会用各种方式来驱虫和辟邪，祈求身体健康。每逢端午节，江南人家会把菖蒲摆在窗台上或挂在窗户上，并喝菖蒲酒，以避瘟疫。

古人还会把菖蒲当作神草来看待。因为它的叶子细长又飘逸，像一把插入水中的剑，所以古代那些喜欢炼丹的术士们私下里称它为水剑，取其镇邪之意。久而久之这说法就流传到了民间，菖蒲被赋予了驱邪避害的文化含义。

还有其他信息分享给你们，记得查收哦！

欢迎你们继续向我发起挑战！

无所不知的
植物博士

菖蒲

Acorus calamus L.

别名 泥菖蒲、野菖蒲、白菖蒲、剑菖蒲

科 菖蒲科

属 菖蒲属

花期 6—9 月

果期 8—10 月

分布区域 全国各省区的水边

菖蒲的独特香味

菖蒲独特的香味来自体内的挥发油，这些成分能驱虫醒脑。很多人都不喜欢夏天，有的人是嫌夏天太热，而更多的人是害怕蚊子。菖蒲就是一种很好的驱蚊植物。除了菖蒲外，艾草、薰衣草、香叶天竺葵等植物也具有驱蚊效果。这些植物主要依靠散发异味驱蚊。

美丽的园林植物——唐菖蒲、黄菖蒲

唐菖蒲和黄菖蒲是会开出美丽花朵的园艺植物，它们虽然也叫菖蒲，却是从国外引进的鸢尾科植物，跟常见的菖蒲并不是一种植物。

唐菖蒲原产于非洲好望角、地中海沿岸及西亚一带，现在在世界各地都能看到它们的身影。唐菖蒲有着丰富的花色，它与月季、菊花和康乃馨被称为“世界四大切花”。黄菖蒲则原产于欧洲，喜欢在潮湿的湿地或沼泽边生长，是各地湿地水景中使用量较多的花卉。无论将这两种植物安置在江边湖畔还是家中的客厅，都是具有诗情画意的水景景观，令人心旷神怡。

精致的小盆栽——金钱蒲

人们在端午节悬挂的一般是水菖蒲，它的叶片中间有一根硬硬的主干，植株比较高大，叶片长约一米左右。而金钱蒲的叶片中间没有硬硬的主干，个子小一些，喜欢阴凉的环境，多生长在湿地和溪石上。金钱蒲常被做成各种精致的小盆栽，装点文人墨客的案头和书房。

金钱蒲

如果你们还想知道更多的信息，欢迎用问题轰炸我！

——植物博士留言

每当盛夏来临，所有美景都抵不过那满荷塘竞相开放的荷花。

安安和乐乐特意起了个大早，两人计划好跟张伯伯一起去荷塘挖莲藕。

清晨的荷塘中，荷花和荷叶在白茫茫的晨雾中若隐若现，仿佛仙境一般，使整个荷塘都显得格外神秘。不一会儿，太阳升起，晨雾慢慢散去，风吹过来，花摇叶颤，像在对着他们微微点着头。

“接天莲叶无穷碧，映日荷花别样红。”乐乐坐在船头欣赏着这大片的荷花景色，“古人真厉害，这么美的景色，两句诗就说明白了。”

“莲藕长在哪里呢？整个荷塘怎么都看不见莲藕的身影呢？”安安突然来了兴致，朝水下望去，却只发现了通到淤泥里的荷花长长的茎。

“一会儿呀，你们就知道了！”张伯伯拿出小铁铲，几下功夫，一段段胖乎乎的莲藕从荷塘底下厚厚的淤泥里翻了出来。莲藕连着荷花的茎，原来，是淤泥底下藏着的这一大片的莲藕成就了水面上满池塘的美丽景象。

“可以拍下来发给植物博士！”安安想到了好主意，“或许植物博士猜不出莲藕是什么花下面长的东西呢！”

植物博士时间

TO:

乐乐、安安:

非常开心能再次收到你们的来信！荷花我当然知道了，它的花朵很大，有些种类的直径可以达到 20 厘米，而且还是亮丽的粉红色或桃红色。它之所以长成又大又鲜艳的样子，是为了从远处就可以让昆虫发现它，从而吸引昆虫来帮忙传粉，使花朵尽快授粉，发育出下一代。此外，荷花的香味也是吸引昆虫的方式之一。雌蕊在花中心的圆盘上，而雄蕊则围绕在圆盘的周围。蜜蜂一靠近雄蕊，身上就会沾上许多花粉，当蜜蜂造访另一朵荷花时，这些花粉掉落，就可以帮雄蕊授粉了。

作为荷花的根状茎，莲藕其实很厉害，它们会朝其他方向长出分支，在土里不断向四周扩张，荷叶和荷花也会从水底的莲藕中不断向上冒出。荷花就是靠着这招，从水底下，渐渐地占领整个池塘，靠着快速繁殖的优势，击退其他的竞争对手，成为池塘生态中的一位重要角色。荷花是莲科莲属的植物，所以荷花又叫作“莲”或“莲花”，而且很受古代文人喜爱，像北宋时期的周敦颐就对荷花赞不绝口，写下了千古名篇的《爱莲说》，这里的“莲”说的就是荷花哦。

还是老样子，不要忘记查看给你们分享的其他信息哦！

欢迎你们继续向我发起挑战！

无所不知的
植物博士

莲

Nelumbo nucifera Gaertn.

① 花 ② 果实（莲蓬） ③ 叶 ④ 种子
⑤ 雄蕊 ⑥ 根状茎（莲藕） ⑦ 走茎（莲鞭）

别名 荷花、莲花、水芙蓉、藕花
科 莲科
属 莲属
花期 6—8 月
果期 8—10 月
分布区域 产于我国南北各省，自生或栽培在池塘或水田内

荷花和睡莲不是一种植物

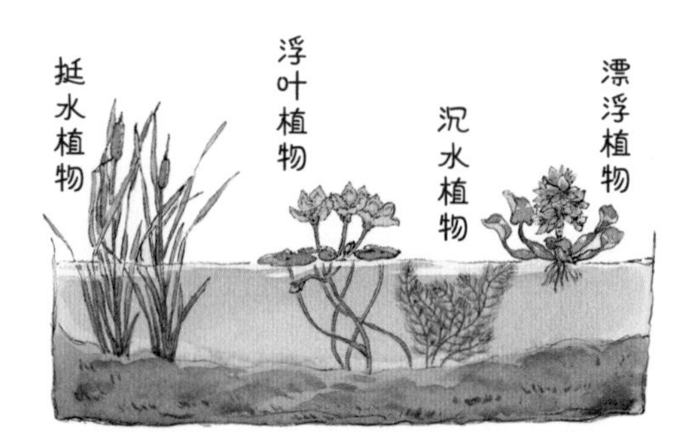

我们把生活在池塘、小溪、河流等水域的植物称作水生植物，包括挺水植物、浮叶植物、漂浮植物和沉水植物。荷花是挺水植物，植株较为高大，茎直立挺拔，根深扎于淤泥中，上部植株可挺出水面；而睡莲是浮叶植物，无明显的地上茎或茎细弱不能直立，所以叶子只能浮在水面上。

不怕水的荷

荷花是一种水生植物，它们长期浸泡在水里，却不会被淹死。

莲藕是荷花的地下茎，生长在淤泥中，为了生存，它进化出了发达的通气组织——莲藕中的小洞。空气通过荷叶表面的气孔进入莲藕，里面的洞洞相当于输送空气的通道，可以让莲藕在泥中顺畅地呼吸而不会缺氧致死。

水生植物正是由于具有这些特殊的构造，才能够在水里正常地呼吸，才能长期浸泡在水里而不会出现腐烂的现象。

“出淤泥而不染”的荷

古人觉得荷花是一种圣洁的花，北宋周敦颐在《爱莲说》中赞美荷花“出淤泥而不染”。其实这是荷叶的一种“自我清洁”的能力。

荷花和荷叶表面有一层微小的蜡质结构，就像一层保护伞，水珠在上面滚动时，不但没法将它打湿，而且能带走它们上面的尘垢和病菌，最后留下的只有干净的花和叶。在郁金香，甚至是蝴蝶的翅膀上，人们都可以观察到这种荷花效应。

莲子惊人的寿命

荷花的果实就是莲子。莲子很轻，可以漂浮在水上，随着水流传播。莲子有着惊人的寿命，可以千年不腐，古老的莲子在适宜的条件下甚至还可以发芽，开出美丽的莲花。在自然界中，种子的寿命很少有超过 200 年的，因此莲子的生命力极强。

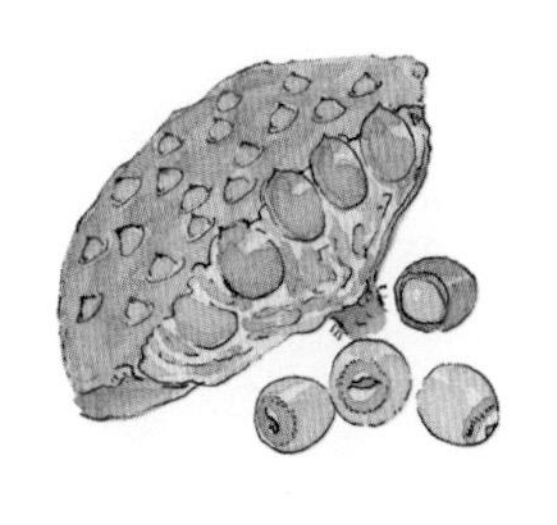

如果你们还想知道更多的信息，
欢迎用问题轰炸我！

——植物博士留言

第四章 水果中的小秘密

听安安说植物博士今天又回信了，放学的下课铃一响，乐乐就跑来安安的班级问回信的情况，得知又是失败的结果，乐乐变得比以前更沮丧了。

“好吧，没想到还是这样的结果……”乐乐一屁股坐在讲台旁边的板凳上。

在一旁擦黑板的安安动作也慢了下来。虽然明天就是周末了，但是他们一点也开心不起来。

“不要着急，郊外那么多美丽的景色，我们也才刚开始不是吗？”调整好心情的安安边整理讲台边对乐乐微笑着说道：“要相信，最好的总会在不经意间出现，我们一定可以找到能够打败植物博士的植物的！”

听到安安的这番话，乐乐的脸上总算是露出了点笑容，过来帮安安一起整理桌子上的杂物。

安安和乐乐一起走在回家的路上。此时的太阳渐渐西沉，似乎在白天耗尽了能量一样，失去了耀眼的光芒，也不再有中午时的那般火热，变得温柔多了。

很快，走到了安安家门口，两人刚要分别，却碰到正好出来乘凉的李伯伯。

安安和乐乐礼貌地向李伯伯问好，安安发现许久没见到李伯伯了，询问才得知，李伯伯有时候会经常回老家一段时间，去自家的果园照顾一下果树。

看出安安和乐乐对老家的果园特别感兴趣，李伯伯脸上洋溢出慈祥的笑容，问道：“你们想不想明天去大果园看看？”

“想！”安安和乐乐异口同声地喊道，他们从来都没有去过大果园，受到李伯伯的邀请，两人开心地欢呼起来。

“也许李伯伯的果园里，会有植物博士猜不到的植物呢！”

第二天，起了个大早的安安和乐乐坐了很久的车，终于到了李伯伯的大果园。

他们兴奋地从车上下来，跟着李伯伯走到了一片结满桃子的大桃园，一进去两个人就惊讶地张大了嘴巴。他们从来没有在生活中见过如此硕果累累的景象，粉嫩嫩的大桃子挂满了枝头，空气中也满是桃子的清甜气息。

果园里面有许多采摘桃子的其他果农，看到安安和乐乐也都笑着跟他们打招呼。两个人也跟着忙碌起来，帮着李伯伯一起摘起了桃子。

休息之余，李伯伯特意给安安和乐乐挑了两个大桃子，招呼他们来树荫下乘凉。

“原来摘桃子这么累，如果我有法力能让桃子自动落进篮子里就好了。”乐乐的这番话逗得安安和李伯伯哈哈大笑起来。

“可是，桃子为什么会长这么多毛呢？”安安在阳光下注意到了手中桃子果皮上的小绒毛。这时，安安却想到了一个好主意，拿出了随身携带的照相机，“这次来点不一样的，如果放大桃子上的小绒毛，植物博士会不会就猜不出这是什么了呢？”

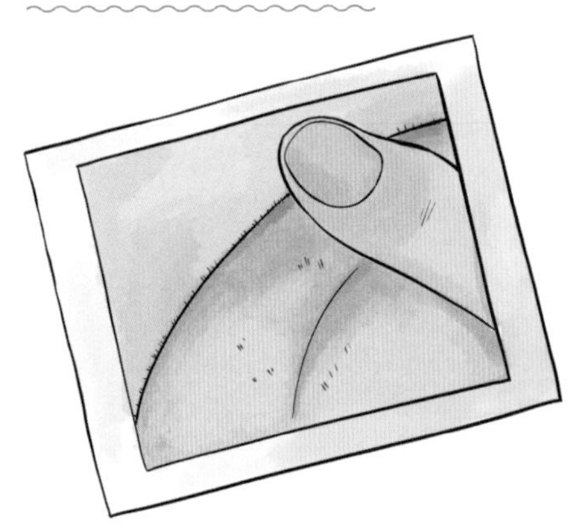

植物博士时间

TO:

乐乐、安安：

作为大名鼎鼎的植物博士，什么都不可能逃过我的眼睛，这是桃子果皮上的小绒毛，我说的没错吧？

桃子我可太熟悉了，三月赏花，六月品果，最近可是吃桃子的好时期。至于为什么桃子上会有些绒毛，让我这位无所不知的植物博士告诉你们吧。

桃子酸甜可口非常好吃，但正是因为这样，总是招来各种各样的小昆虫，这些昆虫会对桃子造成不小的伤害。为了保护自己，桃子长出了小绒毛，它们能够有效阻挡小昆虫的爬行和侵害。这些绒毛还可以阻挡阳光的照射从而减少果实水分的蒸发，所以你会发现桃子吃起来，汁水会非常的充足。另外，小绒毛可以使桃子避免雨水的侵害，从而防止桃子长时间接触水而导致腐烂。

但是，也是有一种桃子没有绒毛，它就是油桃，果皮光滑，味道也很香甜，我想你们一定见过的。

欢迎你们继续向我发起挑战！

无所不知的
植物博士

桃

Prunus persica (L.) Batsch

别名 桃树
科 蔷薇科
属 李属
花期 3—4 月
果期 6—9 月
分布区域 全国各省区广泛栽培

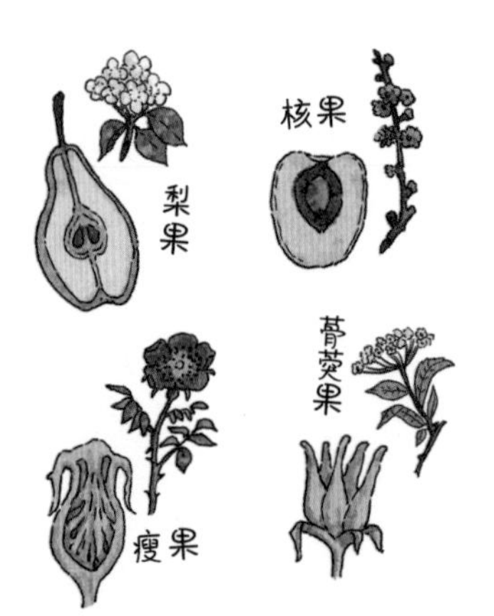

蔷薇科的果实类型

蔷薇科果实类型很多，如蓇(gū)葖(tū)果、瘦果、梨果、核果。其中梨果和核果由于果肉厚、糖分高，深受人们的喜爱。你们猜猜看，桃子是什么类型的果实呢？

“桃李满天下”的由来

夸赞老师教的学生多，一般都说“桃李满天下”。为什么要用这两种水果呢？这是由于桃和李的适应性强，分布范围十分广泛，所以古人就用它们来比喻老师教的学生多。

桃子是一种象征长寿的水果

中国人有一个传统的习俗，老人过寿时，年轻的后辈会送上“寿星桃”以祝福老人家长命百岁。其实，桃子和长寿的关系要从古代神话说起。

传说农历七月十八（一说三月初三）是王母娘娘的生日，每年的这天她都会大摆寿宴，诸仙都来给她祝寿。宴会上的主要食物就是延年益寿的蟠桃。久而久之，民间也用桃象征长寿，作为祝寿的礼品。

蔷薇科的水果

桃子是蔷薇科，水果好多都属于蔷薇科，比如梨、苹果、李、杏、梅、樱桃、山楂、草莓、枇杷等，可以说美味的蔷薇科植物占了“水果界”的半壁江山。如果没有了蔷薇科植物，生活中肯定会缺少许多色彩和滋味。

如果你们还想知道更多的信息，
欢迎用问题轰炸我！

——植物博士留言

自打从李伯伯的果园回来，安安和乐乐就对水果非常感兴趣，两人每天都碰头一起研究各种的水果。

今天，乐乐就遇到了一件有趣的事情。

“香蕉明明就是黄色的呀，”乐乐一来到安安家，就把上午在超市碰到的疑惑告诉了安安，“可是超市水果区的叔叔说，香蕉最开始是绿色的。”

“绿色的香蕉？听起来好奇怪啊！”安安笑着说道，“我们吃的香蕉不都是黄色的吗？”

路过的安安爸爸正好听到了两人的对话，于是趁着暑假，他决定带着孩子们去西双版纳的香蕉园亲眼看一看。

终于等到了这一天，一行人来到西双版纳当地大型的香蕉种植园。这个种植园仿佛像一个绿色的小王国，一片片的香蕉林一望无际。高大的香蕉树上面还挂着一大串一大串的绿色香蕉。安安和乐乐被香蕉树那大大的叶子吸引住了，每片叶子就像一把巨大的扇子一样，站在下面都可以遮风挡雨了。

安安看到旁边负责摘香蕉的农民伯伯，把还是绿色的大串香蕉摘下来放进了筐子里，感到有些疑惑：“香蕉摘下来的时候明明还是绿色的，可为什么我们吃的时候却变成了黄色的呢？”

“拍下来让植物博士猜一猜，”乐乐兴奋地说，“或许植物博士都没见过绿色的香蕉呢！”

植物博士时间

TO:

乐乐、安安:

照片里不就是我们平时吃的香蕉吗？虽然是绿色的，但我还是一眼就认出来了，就算它换了马甲也难逃我植物博士的法眼！

香蕉，大家都很熟悉，它作为我们常见的一种热带水果，甜甜的又很有营养，产地一般在我国的海南、广东、广西以及云南等地方，所以，在北方是见不到香蕉树的。

我想，你们一定很好奇，为什么平时在水果店里看到的香蕉是黄色而不是绿色的呢？其实，刚采摘下来的香蕉还没有完全成熟，它的表皮中含有叶黄素和叶绿素，摘下来的香蕉分泌的酵素与叶黄素发生化学反应，破坏了叶绿素，绿色就会消失，黄色便显示出来了，所以，香蕉就渐渐变黄了。

而快要成熟的香蕉会释放一种催熟的物质，叫作乙烯。通过乙烯的作用，随着时间的推移，运到外地的香蕉正好成熟了。

不要忘记查看分享给你们的有关香蕉的其他信息哦！

欢迎你们继续向我发起挑战！

无所不知的
植物博士

香蕉

Musa nana Lour.

别名 金蕉、弓蕉

科 芭蕉科

属 芭蕉属

花期 全年

果期 全年

分布区域 中国南部部分省区有栽培

水果果皮的使命

包括香蕉在内，平时吃的水果，为什么都有果皮呢？植物结出果实，是要果实中的种子来传宗接代的，所以它们必须保护好自己的孩子，果皮就是履行这个使命的。首先果皮可以防止果肉干燥；其次，坚硬的果皮可以防止昆虫、鸟类的破坏，使它们不能轻易地吃到果肉。最后，果皮还可以防止病毒、紫外线等入侵。所以，水果有皮，正是它们护子心切的表现。

神奇的香蕉种子

平时吃水果,很容易见到果核,可是剥开香蕉皮,就只吃到了果肉,那它的果核在哪里呢?莫非它没有种子?其实,香蕉果肉里面一排排的褐色小点就是它的种子,但是人工栽培的香蕉种子缺少胚乳,很难萌发成香蕉树,所以香蕉树一般采用扦插、压条等无性繁殖的方法,所以果肉内留下的其实是一颗颗已经退化的种子。

香蕉树 VS 香蕉草

香蕉树虽然又粗又高,可摸上去是软软的,这是因为它其实是一种高大的“草”,并不是“树木”。它真正的茎是地下的块状茎,那里储存着丰富的营养物质,香蕉的根系、叶片、花轴和吸芽都是从这里长出来的。而地面上的“树干”部分则是由叶鞘相互包裹形成的假茎,每一片新叶,都是从这里长出来的。

尽管香蕉树并没有坚硬的木质部,但它却长得像树木一样高大,所以人们会称它为“香蕉树”。

碰过的香蕉会变黑的秘密

香蕉皮被碰撞或挨冻以后,会出现黑色的斑点,这是因为在香蕉表皮中含有一种酶,平时它被细胞膜紧密地包裹着,没有机会与空气接触,但是一旦碰伤、受冻,细胞膜破了,酶就流出来与空气中的氧发生氧化作用。所以,香蕉表皮就会变黑。

如果你们还想知道更多的信息,
欢迎用问题轰炸我!

——植物博士留言

又到了硕果累累的季节，李伯伯的大果园也变了颜色——橘子树上远远望去一片金黄，枝头上那一个个沉甸甸的大橘子叫人甚是喜欢。

安安和乐乐在李伯伯的邀请下又体验了一番丰收的喜悦，直到傍晚临走时，李伯伯让孩子们把满满两大篮的橘子也一起提回了家。

回到家后，安安迫不及待地剥开了一个橘子，整个屋子里顿时充满了清甜的橘子味。

“如果给秋天选一个颜色，我想一定是橘色吧！”安安掰了一瓣橘子放进了嘴巴里，甜甜的味道让安安更加热爱这橘子味的秋天了。

可是每次吃橘子，都让安安有个疑惑：为什么橘子和橙子长得这么像呢？安安连忙给乐乐打去了电话，想把自己的疑问告诉他。

“橘子和橙子它们都有相同的果肉纹理，连味道都很像，它们应该是一个家族吧？”安安对着电话那头的乐乐说道。

经安安这么一说，乐乐也发现了同样的问题，“这么看来，柠檬和柚子之类的水果也跟它们好像哦！”

“我突然想到一个考植物博士的好办法！”安安兴奋地说道，“既然它们这么像，我们不妨把这次的橘子还有橙子、柚子和柠檬横着切开，都按相同的大小拍下来，让植物博士猜猜看，哪个才是真正的橘子。”

植物博士时间

TO:

乐乐、安安:

这简直就是水果家族的一场盛大聚会啊！至于你们的问题，我当然一眼就认出哪个是橘子了，谁叫我是无所不知的植物博士呢！我眼中的橘子是活泼、俊俏的一抹存在，连秋日的微风中都飘散着淡淡的橘子清香，让人不由自主地陶醉其中。

说起照片中的水果，你们肯定也发现它们的相似之处了吧？没错！它们就是柑橘大家族，而我们吃的橘子，就是其中的一位重要的成员。橘子原产于中国，由阿拉伯人传遍亚欧大陆。橘子就曾在遥远的异国他乡，救过海员的生命。我们现在所食用的品种都是由橘子、柚子、香橼（yuán）这三个品种演变而来的。

橘子象征着幸福和吉祥，甜橙象征美好的生活，因此，在农历新年时，很多地方的人会互赠橘子或甜橙，来互相表达对彼此的祝福。此外，还有一种有祝福寓意的水果，那就是金橘，你们肯定见过它，因为在春节，大人们总会买一盆放在家里，用以代表吉祥与如意。

哦，对了，想知道橘子救海员性命的故事的话，我会在接下来的其他信息里继续分享给你们，记得查看哦！

欢迎你们继续向我发起挑战！

无所不知的植物博士

橘子

Citrus reticulata Blanco

① 花枝 ② 果 ③ 种子 ④ 果枝 ⑤ 幼果

别名 橘子
科 芸香科
属 柑橘属
花期 4—5 月
果期 10—12 月
分布区域 我国南方各省区广泛栽培

柑橘家族

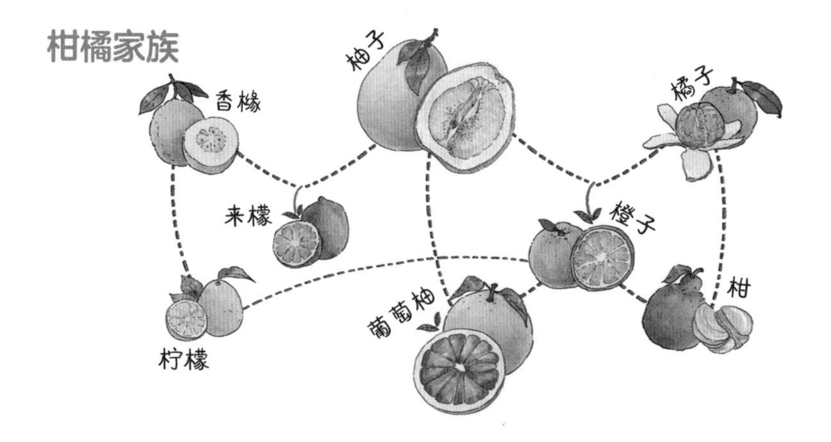

香香的果皮

在植物学界，芸香科柑橘属，包含了许多人们熟悉的水果，如橙子、葡萄柚、柠檬以及酸橙。柑橘属水果厚厚的外皮中布满富含香气的油腺，本身就具有很强的挥发性，所以果皮很香，而且香味长久不散。

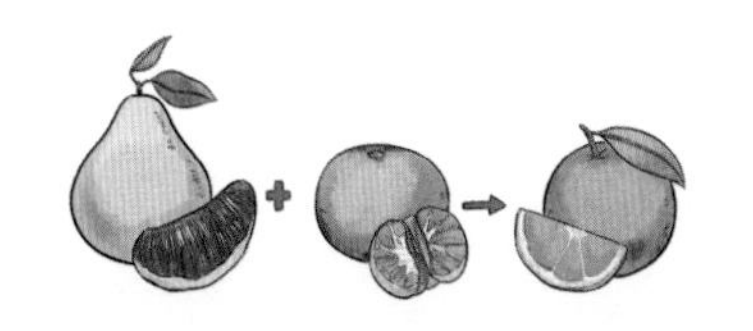

橙子是橘子和柚子的孩子

橙子的果肉兼有柚子和橘子的特点。这是因为橙子是野生柚和野生宽皮橘杂交出来的孩子，继承了父母的不同基因，一般个头会偏向于个头小的亲本，所以橙子比柚子小很多，更接近于橘子。果实的形状会取个中间值，跟双亲都有点像，果肉也兼有双亲的特点。

柑橘是怎么救海员性命的呢？

16—18 世纪，坏血病在英国、荷兰及其他北欧国家的船员中流行，很多人为此失掉了生命。后来他们无意中发现有规律地摄入柠檬、柑橘可以预防坏血病。随后，食用柑橘属水果成了常规的治疗坏血病的手段，因此水手们也被称为“柠檬人”。直到 20 世纪 30 年代，科学家们才了解清楚内在的原因：柑橘、柠檬等果实中含有的维生素 C，具有抵抗坏血病的作用。

如果你们还想知道更多的信息，
欢迎用问题轰炸我！

——植物博士留言

第五章 走吧！去看山外的山

“都过去这么久了，我们一次也没难住植物博士呢……”乐乐坐在公园的石梯上，两个胳膊垂在身体两边，有些无精打采。安安靠在一旁的树干上，表情也显得有些沉闷。

天气慢慢变冷了起来，秋风吹得公园里的树叶沙沙作响，地上掉落的树叶像一只只美丽的小蝴蝶一样迎风起舞，但却很快消逝，一切又恢复到原有的平静。这些掉落在地上的落叶有的已经枯萎了，有的却是刚落下，绿意还未消失殆尽。

“身边找到的植物已经很多了，咱们甚至还去了果园，可是总是失败。”乐乐低着头，语速都变得缓慢起来。

“也许，咱们找的植物都太常见了，”安安轻轻地将风吹起的发丝掖到耳后，拿起地上一片凋落的小树叶举过头顶，对着阳光凝视了一会儿，接着说道，“植物博士这么聪明，我想，咱们可以找一些更珍稀的植

物来考考他！”说着，安安伸出了手。

“走吧！我们周围有这么多好看的风景，说不定会有新的发现呢！”

乐乐抬头看向安安，只见她沐浴在阳光之中，像浑身发着光一样，照得乐乐的心情也明快起来。乐乐心中瞬间充满了希望，接过安安的手顺势站了起来。

“对！一定会有更多的植物等着我们的！”乐乐的眼神也变得更加坚定。

安安和乐乐顺着公园的石头阶梯，边往上爬边欣赏公园里如画的美景。这时，两人看到不远处的小亭子，决定去那儿歇歇脚。

走到小亭子里，安安刚想坐下休息，却被远处的山吸引了视线。

“快看那座远山！”安安拉着乐乐让他顺着自己手指的方向看去，“我敢肯定，山上绝对有植物博士也不知道的稀有植物。”

自从看到那座山后，安安就一直念念不忘，等着和乐乐一起去山里。

正巧，一年一度看红叶的好机会也来了，于是安安和乐乐趁这个周末约好和家长一起去爬山，一是为了寻找更多的植物，二则是感受一下秋天山林间的壮美。

“秋天郊外的景色好美呀！”安安和乐乐在大巴车上，欣赏着沿途如梦如幻的风景。车窗外树木的叶子红黄绿三色交织，构成了一幅幅属于这个季节独有的美丽画卷。

很快，大巴车停在山脚下，安安和乐乐下车后顺着入口的石阶一路向前，目光所到之处是漫山的火红色，石阶旁随秋风掉落下来的红叶像给地面铺上了一层红红的地毯，看得令人赏心悦目。

“咦，从刚才我就看到石阶上好多这种小东西，”突然，乐乐捡起一个像小弯刀一样的东西看了看后，顺手递给了安安，说道，“地下随处可见都是它呢！”

“它的形状好奇怪呀！”安安接过来看了看，但她也没见过这是什么。

接着，两人向四周望了望。不一会儿，乐乐就在身边树木的枝叶顶端发现了这种小东西。

“看枫叶上面！”乐乐叫住了还在树丛旁边寻找的安安，“这是它结的果实还是花呢？”

“我也不知道，”安安回答着乐乐的话，“不过我们可以拍给植物博士，说不定植物博士也没见过它呢！”

植物博士时间

TO:

乐乐、安安：

很高兴能再次收到你们的来信，我没猜错的话，最近去赏红叶了吧？秋日的红叶别有韵味，最近也正值红叶的最佳观赏期。但是，在北方，平时见到的红叶都是槭树哦，照片中的植物也是槭树的果实，它叫翅果。这点还是难不倒我植物博士的！

说到槭树，你们肯定不知道，在北方常见到的美国红枫、三角枫等并不是真正的枫树，它们实际是槭树科的树种。槭树科是个大家族，广泛分布于东亚、北美、欧洲和非洲，其中以鸡爪槭、茶条槭和色木槭等树的红叶最出名。

我想，你们去看的红叶实际上就是槭树叶，因为照片中长得像“小飞刀”的植物就是鸡爪槭的翅果。它的果皮伸展成翅状，像鸟的翅膀，果实看起来就像是小飞刀一样，到了果实成熟的时候，它们就从树上飘落下来。

那真正的枫树究竟是哪种呢？我会在后面的信息中分享给你们，不要忘记查看哦！

欢迎你们继续向我发起挑战！

无所不知的
植物博士

鸡爪槭

Acer palmatum Thunb.

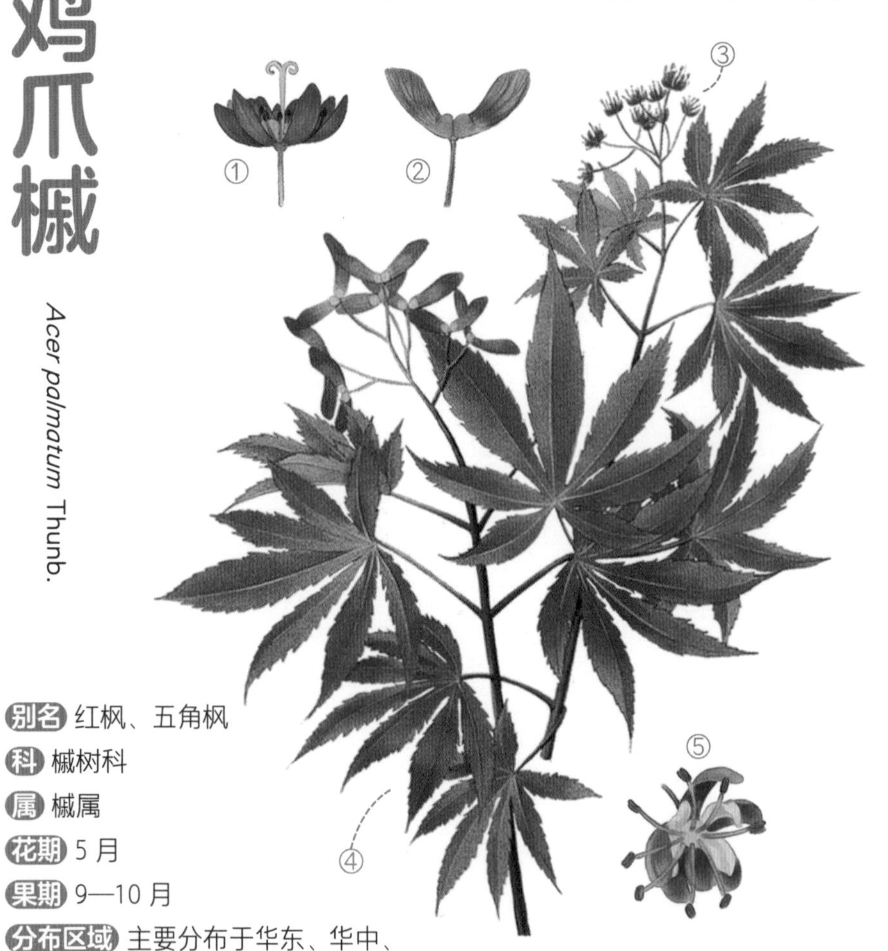

别名 红枫、五角枫

科 槭树科

属 槭属

花期 5 月

果期 9—10 月

分布区域 主要分布于华东、华中、西南地区

还有什么树的树叶会变红？

枫叶红似火，胜于二月花。在所有著名的红叶树种中，除了槭树，还有一种很常见的树——枫香树，南京栖霞山的红叶就是枫香树。不管是哪种树，深秋时节，能赏红叶，又能登高望远，确实很不错。

秋天为什么会落叶？

秋天，树根吸收地下水分和营养的能力减弱。树干和树枝为了有足够的营养抵抗寒冬，就在树叶和树枝之间形成一种“离层”，隔绝了水源。树叶脱落以后，剩下光秃秃的枝干，树木对水分的消耗减少了，使得树木可以安全地过冬。所以树木落叶也是有益的。

槭树叶一到秋天就会变红

当秋季来临，严寒来袭，树叶中的叶绿素会遭到破坏，最后逐渐消失。槭树叶中的叶绿素也不例外。不仅如此，槭树叶子中的花青素还会增多，在这些因素的影响下，槭树叶就变成了红色。此外，枫树、乌柏、黄栌的叶子也都是这样变红的。

如果你们还想知道更多的信息，
欢迎用问题轰炸我！

——植物博士留言

采集植物标本是安安和乐乐最喜欢做的事情了。这次，他们的目标瞄准了山下的银杏大道。上一次从山里回来的时候，路过银杏大道，司机叔叔告诉他们，每年深秋，银杏大道旁的银杏林铺满落叶，会把整个大道染成一片金黄。

这天，他们终于又来了银杏大道。

一下车，就仿佛走进了一个金色的童话世界，飘落的银杏叶如金币洒满大道，满目都是金黄的颜色。

“银杏叶子可真好看！”安安开心地跑到大道旁，蹲下观察着地上飘落的银杏叶子，“它们真像一把把小小的扇子，上面还有一条条凸起的小棱呢！”

“这些银杏树这么高大，它们栽在这儿已经好多年了吧？”乐乐仰着头感叹了一声，“一定比咱俩的年龄加起来都大呢！”

就在两人挑选地上的银杏叶时，乐乐突然闻到一股奇怪的臭味，闻了半天，才发现味道的源头是和银杏叶一起落在地上的白色小果子。

“难道它是银杏树结的果子吗？”安安抬头看了看上面银杏树的树枝。

“好难闻呀！”乐乐捡起地上的一颗果子凑到鼻子前，一下子皱紧了眉头，“没错，就是它的味道！”

“或许，植物博士也不知道发出这种味道的是什么吧？”

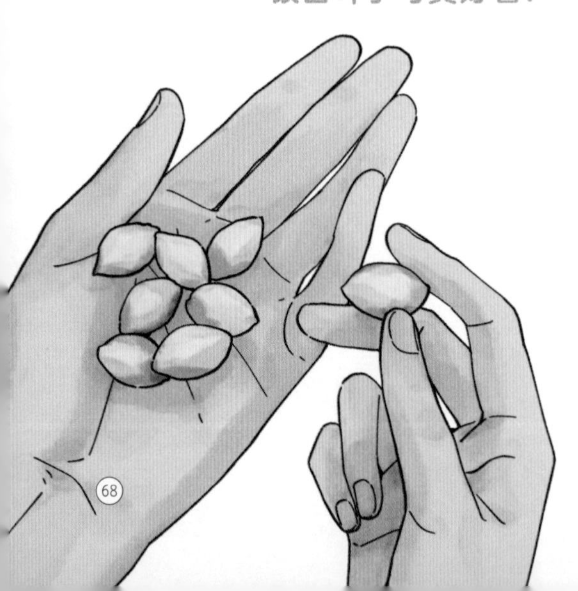

植物博士时间

TO:

乐乐、安安：

很高兴再次收到你们的来信，不过，这怎么会难倒我植物博士呢？我当然知道这是什么！乐乐手里拿着的白色的果子就是银杏的“果”，也就是银杏的种子。银杏最外面一层是包裹着种子的跟果肉一样的外种皮，成熟时是淡黄色或橙黄色的。不过，你们有没有闻到它有股臭味呢？就是因为就是因为肉质外种皮容易腐烂，腐烂后会散发恶臭。

银杏果圆溜溜的，挂在树上很好看，洗去果肉之后，里面白的果仁可以吃。白果在宋代被列为皇家贡品，日本人也有吃白果的习惯，西方人在圣诞节也常备白果。但无论是白果还是银杏叶都有轻微的毒性，多吃会引起中毒，所以食用时一定要注意方法得当。说到银杏，它的长相特别好认，有扇形的叶片，和其他树的叶子也不同，是一簇簇地生长在枝条上，而且枝条有长有短。告诉你一件有趣的事情，银杏树也是分“男女”的，比如说路旁常见的是雄树，它们是不会结果的。如果绿化工程师们不小心弄错了树的性别，那就麻烦啦，雌性银杏的果实会掉落在地上，空气中就会有臭的味道，人不小心踩到还容易滑倒。

还有其他关于银杏的信息分享给你们，不要忘记查看哦！

无所不知的植物博士

银杏

Ginkgo biloba L.

① 果枝 ② 果 ③ 花枝 ④ 叶 ⑤ 种子

别名 白果、公孙树、鸭掌树

科 银杏科

属 银杏属

花期 4—5 月

果期 8—11 月

分布区域 全国各地广泛栽培

银杏叶为什么变黄

秋天很多树叶都会变黄，也包括银杏叶子，这是怎么回事呢？其实这跟叶绿素有关，它的合成过程中需要较强的光照和温度，因为入秋后气温降低，叶绿素的合成较慢，而叶黄素和胡萝卜素不受这些条件的影响，所以秋天的银杏叶自然就变了黄色。

延续至今的古老血脉

银杏是很古老的植物，大约从2亿多年前的侏罗纪时代就开始在地球上繁衍。那时我们的地球被庞大的恐龙家族统治着，气候很温暖。渐渐地，大陆开始分裂，裂缝中涌入了海水，给内陆的沙漠带来雨水，湿润的气候使植物的种类越来越丰富。银杏家族就是那时出现的，可以说，银杏是树木界的“鼻祖”了。

经过亿万年的演化，银杏家族内的很多其他植物都已经灭绝了，地球上只剩下银杏这一条血脉，坚定地传承着家族的古老血统，一直延续到现在。所以，当你捡起这枚小小的叶片，一定不要忘记，它们是经历了亿万年才来到我们身边，是如此的珍贵！

长寿的银杏树

银杏树还有个名字叫作公孙树，意思是爷爷栽树，孙子才能看到结果，因为一粒银杏种子从萌发到结果要经过30年的时间。银杏生长又很慢，一般能活几百年甚至上千年。那些有着岁月痕迹的古老银杏树生长在同样古老的遗址旁，也成为当地自然和人文的绝佳景观呢！

如果你们还想知道更多的信息，
欢迎用问题轰炸我！

——植物博士留言

做个银杏叶艺术品

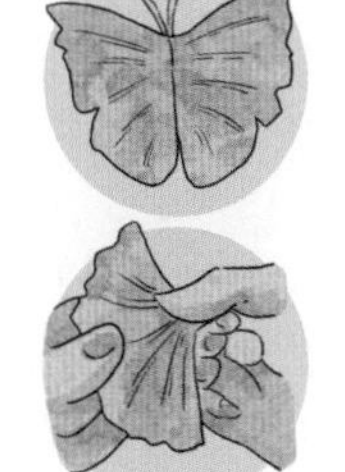

①对折叶片

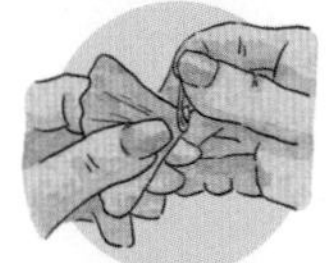

②叶柄绕过去

③展开叶片

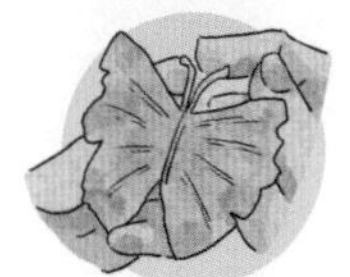

④把叶柄撕成两条

深秋后，天气马上就会变得更冷了，安安和乐乐的学校也在降温前组织了一次秋季户外活动。

“我可不想去爬山了，”看到有爬山项目的乐乐在一旁直摇头，“那次爬山看红叶后，我的腿疼了好几天呢！”

安安想起乐乐上次爬山累得气喘吁吁的样子就想笑，不过下山坐索道却是很正确的选择，因为能在高处看到漫山遍野的红叶，再累也都是值得的。

“不如，我们去山上写生吧！”安安接过活动宣传单，对乐乐说道，“也许这次是寻找新植物的好机会呢！”

这次的户外活动很快就到了，这天，学校的大巴车载着大家来到了山下，下车后，安安和乐乐背着画具，爬到了半山腰的一片小树林前。

安安刚整理好画板，就被树林中一处亮眼的红色吸引了过去。

走近来看，原来这是一片漂亮的红色花海，每朵花的花瓣边缘都有褶皱形成的波浪裙边，茎秆又高又直。但奇怪的是，大大的花朵下却不见它的叶子。

“好特别的花呀！”安安欣喜地看着这片红色的花海，招呼不远处的乐乐过来看自己的发现。

“这是石蒜！”看了一眼花朵，乐乐骄傲地说着，“听说，它还是霜降的专属花呢！”

“石蒜？”听到花朵名字的安安大笑起来，“怎么会有这么奇怪的名字呢？”

安安顿时对这种花产生了浓厚的兴趣，拿起纸笔，准备画下它美丽又独特的样子。

“也许，植物博士可以告诉我更多关于它的秘密呢！”安安心想。

植物博士时间

TO:

乐乐、安安：

这次能收到你们的画真的让我非常惊喜！画的是石蒜吧？可没有我植物博士还不知道的植物哦！画得真不错！我想你们肯定好奇它的名字吧？

石蒜的地下鳞茎呈球形，像大蒜，又多生长在石堆环境中，所以才叫作石蒜。不过呢，它跟蒜可没有关系，蒜是百合科植物，而石蒜是石蒜科植物。它的鳞茎是有毒的，不能随便乱吃。

对了，石蒜还有另外一个名字——彼岸花。在传说中，它常常和生死、离别相关。而霜降是秋季的最后一个节气，俗话说“霜降杀百草”，霜降过后，植物渐渐失去生机，大地一片萧索，彼岸花代表的别离意味就更加深长。

后面还有我分享给你们的其他关于石蒜的信息，不要忘记查看哦！

欢迎你们继续向我发起挑战！

无所不知的
植物博士

石蒜

Lycoris radiata (L'Hér.) Herb.

别名 彼岸花、龙爪花、蟑螂花

科 石蒜科

属 石蒜属

花期 7—9 月

果期 9—10 月

分布区域 秦岭以南大部分地区及山东

石蒜科大家族

原产在中国的观赏花

在长江流域附近背阴的山坡上、溪流旁，常常能看到石蒜的身影。作为东南亚常见的园林观赏植物，石蒜也被种在各种花坛里，冬赏其叶，秋赏其花，花开时是一片鲜红色的海洋，非常壮观。

因为不同国家的文化传承不同，石蒜的花语也不一样。中国人喜欢红色，觉得石蒜开得美，所以它的花语是“优美纯洁”；深受“彼岸花开开彼岸”的文学影响，在朝鲜它的花语是“相互思念”；而在日本它的花语则是“悲伤回忆”。

花和叶两不相见

石蒜秋天开花后，渐渐长出叶子，到次年夏天叶子枯萎，接着再开花。石蒜花开时看不到叶子，有叶子时看不到花，所以，人们都说它花叶两不相见。这是因为石蒜类有的是先抽出花葶（总梗）开花，花末期或花谢后出叶；还有另一些种类是先抽叶，在叶枯以后抽葶开花，所以才有了“彼岸花，开彼岸，只见花，不见叶”的说法。

如果你们还想知道更多的信息，
欢迎用问题轰炸我！

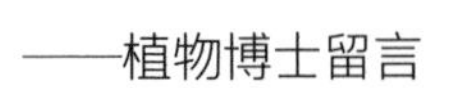

“我好喜欢那个会跑会跳的小人参啊！”

“而且，最有意思的是，它们真的长得好像人啊！怪不得叫‘人参’呢！”

……

乐乐家里，安安和乐乐正互相分享着今天两人一起看的《人参娃娃》动画片。休假在家的乐乐爸爸见俩人这么有兴趣，就准备带他们去长白山人参种植基地好好见识一下。

第一次来长白山的安安和乐乐被这大森林的神秘深深吸引。这里的树木高大而茂盛，树叶黄色、绿色层层浸染，进入森林，仿佛都能听到树木之间的窃窃私语。

“听说，在人参上面拴红线是防止它跑掉哦！”跟在后面的乐乐悄悄地在安安耳边说道。

听到乐乐的话，安安脸上透露出不可思议的表情。接着，两人像个小侦探一样跟在大人后面仔细地寻找着人参，恐怕它们会偷偷“跑掉”。

终于，在一个小坡上，大家发现了一棵漂亮的人参。只见采参的爷爷拿出专用的鹿角针和其他小工具，小心翼翼地挖了起来。没过多久，一根人字形的人参就映入了大家的眼帘。

大家伙都仔细欣赏着爷爷手里的人参，但更吸引安安的是人参上面的那一簇通红的小球。问了采参的爷爷才知道，那是人参的果实。

安安的眼睛亮了起来，她拉着乐乐说道：“你说，植物博士会不会只见过人参，没见过它的小果实呢？”

植物博士时间

TO:

乐乐、安安:

看得出来，这次你们找到了一种珍稀植物，但作为植物博士的我可是无所不知，还是没能难倒我哦！这是人参上面结出的红色果实。

人参可是多年生的草本植物，多生长于海拔 500~1100 米山地缓坡或斜坡地的针阔混交林或杂交林木中。它有一个标志性的特征，那就是它的红色浆果。它的主根呈圆柱形或纺锤形，根须细长，常有分叉，看起来像是人的头、手、足和四肢，故而被称为“人参”。

而且，你们一定都知道，人参可是大自然恩赐的珍贵植物！人参被人们赋予了神秘的色彩，自古以来就拥有“百草之王”的美誉，是闻名遐迩的“东北三宝”之一。人参是第三纪孑遗植物，也是濒危的植物。长期以来，由于过度挖采，人参赖以生存的森林生态环境遭到严重破坏，导致真正的野生人参已经非常稀少。所以，我们要保护野生人参。

如果在野外见到人参，千万不要破坏它，可以联系相关部门来保护它们。

不要忘记查看后面分享给你们的其他信息，也期待你们的下次挑战！

无所不知的植物博士

人参

Panax ginseng C. A. Meyer

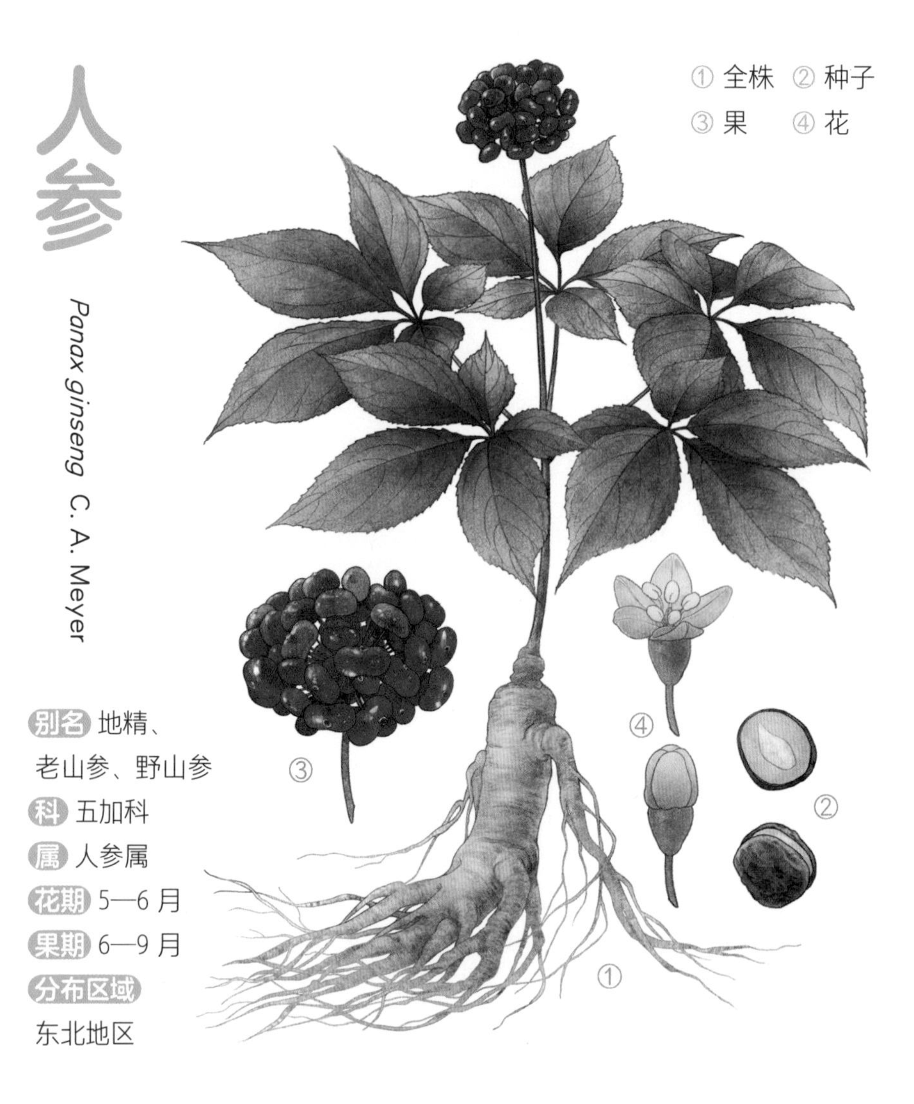

别名 地精、老山参、野山参

科 五加科

属 人参属

花期 5—6 月

果期 6—9 月

分布区域
东北地区

本草植物家族

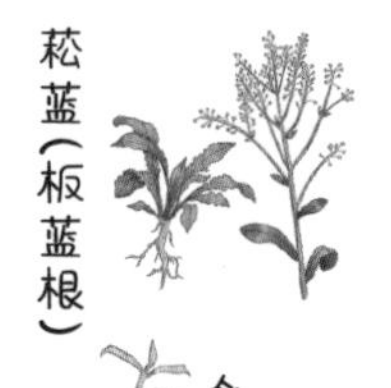

植物界存在形形色色的植物类群，其中有一类植物在中国被称为“本草”。古代中国人曾发现本草有功能各异的医药效果。人们熟知的《本草纲目》是明代李时珍撰写的本草著作。

人参真的会“跑”吗？

关于人参会跑的传闻，在民间流传很久了。其实，人参在遇到比较恶劣的自然环境时，会进入自动休眠的状态。而且，人参会自动地朝着更适合它的土壤方向生长。所以，如果不做标记的话，再去找它，就很难找到了。这就是为什么说人参会“跑”。

红参和白参有什么不同？

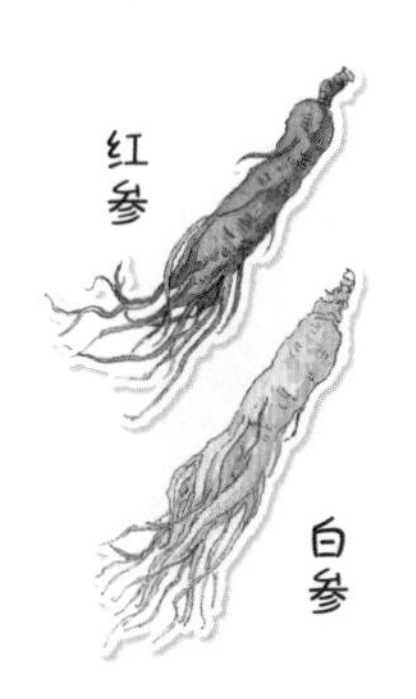

商店里看到的红参和白参是同一种植物，只是加工方式不同。白参是简单地干燥制成，而红参的加工工艺更加复杂，经过蒸制、晾晒、烘烤而成，外表呈焦黄色。

如果你们还想知道更多的信息，
欢迎用问题轰炸我！

——植物博士留言

第六章 下一站，去远方！

冬天真的要来了，北方的凛冽寒风忽然而至，不断侵袭着院子里的那棵老树，它的叶子零零散散地飘落在院子里的各个角落，只有零星几片枯叶仍旧坚韧地挂在树上。

“我就知道还是这样的结果……”乐乐蹲在安安家院子里的台阶上，垂头丧气地说着，“我们真的赢不了植物博士了吗？”

安安坐在乐乐旁边，微仰着头，任由这深秋的冷风吹拂在脸颊上，看起来有点忧伤。虽然没有成功，但在寻找植物和与植物博士通信的过程中，安安慢慢发现了研究植物的乐趣。

“我们可以去更远的地方！”安安脸上原本透露出的忧伤渐渐散去，看向远方，“我相信一定会有更

多有趣的植物在等我们去发现呢！”

乐乐抬头看见安安的眼睛里充满着对远方的憧憬。

“虽然我们没有赢过植物博士，但我们也收获了很多呀！”安安转头微笑着对乐乐说道，“我们认识了很多植物！比如，一吹可以变出许多‘小羽毛’的蒲公英，臭臭的银杏白果，像小飞刀的槭树翅果，除此之外，我们还知道了许多关于植物的其他秘密！”

“你说得对！”听到安安的心里话，乐乐此时也站了起来，“还有，如果不是植物博士告诉我们真相，我们真的会以为人参会逃跑呢！”

说完，安安和乐乐面对面开心地大笑起来，两人一瞬间忘却了烦恼。

“对了，给你看一束漂亮的花，”安安拉着乐乐来到屋里，“白白胖胖的花瓣包裹着黄色的花蕊，叶子绿油油的，插在花瓶里可好看了！”

那是安安的好朋友晓月送给她的生日礼物，不过乐乐可认得这种花，这是茶树花。

因为乐乐的舅舅在南方有一个很大的茶庄，小时候乐乐在舅舅家住过一段时间，所以对茶花印象特别深刻。

安安抚摸着那绿油油的叶子，兴奋地说：“那，它的叶子就是茶叶啦？”

“没错！”乐乐激动地回答道，“这个周末我可以带你去看看舅舅家的大茶园！”

今天真是个好天气，安安和乐乐带着自己旅行的小背包，跟着乐乐妈妈来到了乐乐舅舅在杭州的大茶园来体验采茶。

刚来到茶园，安安就被眼前的茶园风光震惊了，这里放眼望去一片片赏心悦目的绿色茶海。南方的天气温暖舒适，风吹过来，淡淡的茶香扑面而来，舒舒服服的，安安感受到一种从未有过的宁静和安逸。

在秋冬季节，万物逐渐失去原有的色彩，而茶花却静静地盛开，远远望去，黄白相间的小花点缀在翠绿的茶树丛中，格外好看。

安安弯腰嗅了一下身旁的茶树花，心情不觉变得愉悦起来。接着，她仔细观察着这些绿油油的茶树叶。

“茶树叶的脉络走向感觉跟普通叶子有很大的区别呢！”安安迫不及待地将自己的发现告诉乐乐，“它的侧脉没有延伸到叶子边缘就与另一条侧脉相连了，就像一个闭合的网一样。”

“茶叶的边缘还有小锯齿！”乐乐也和安安一起研究起小小的茶叶，“以前舅舅跟我讲过，小小的茶叶还挑起过风起云涌的战争呢！”

“这么小的茶叶也会发起过战争吗？”安安听后心里不禁有些疑惑，但也引起了安安的好奇心，紧接着，她拿出照相机拍下了这几片茶叶。

“既然这样，植物博士或许会知道茶叶背后的历史故事，但前提可得猜对我手里的植物！”

这片小小的叶子曾引发过一场战争，你能猜出是什么叶子吗？

植物博士时间

TO:

乐乐、安安：

这次也太小看我植物博士了，我当然知道这是什么了！照片中的叶子可不简单，这可是江南地区的代表呀！它就是茶叶，而且现在正值它的花期，茶树花的花瓣呈白色，里面点缀着黄色的花蕊，乍一看像是一个一个的爆米花一样，漂亮又可爱。

没错！茶叶确实引发过战争，这得从很久以前说起。在古代中国，人们就发现了茶能做成饮品。西汉武帝时，出使印度的使者把茶、瓷器、锦帛一起带出了国门，后来茶叶又传到了英国，成为贵族享用的高级饮品。英国允许东印度公司在北美殖民地低关税倾销积存的茶叶，禁止殖民地贩卖“私茶”，操纵当地茶叶价格，影响了本地茶商的利益，从而在 1773 年 12 月 16 日，引发了著名的“波士顿倾茶事件”。一群反抗者化装成印第安人，把整船茶叶扔进大海，间接触发了美国独立战争。

所以，说一片小小的茶叶改写了历史，也并不过分。

当然了，茶的流通也促进了文明的交流，比如茶马古道上，小小的马队跋山涉水穿越文明，在历史上写就了辉煌。还有关于茶的其他的信息分享给你们，别忘记查看哦。

欢迎你们继续向我发起挑战！

无所不知的植物博士

茶

Camellia sinensis (L.) O. Ktze.

① 花枝及果枝 ② 雄蕊柱 ③ 果实 ④ 种皮 ⑤ 种子

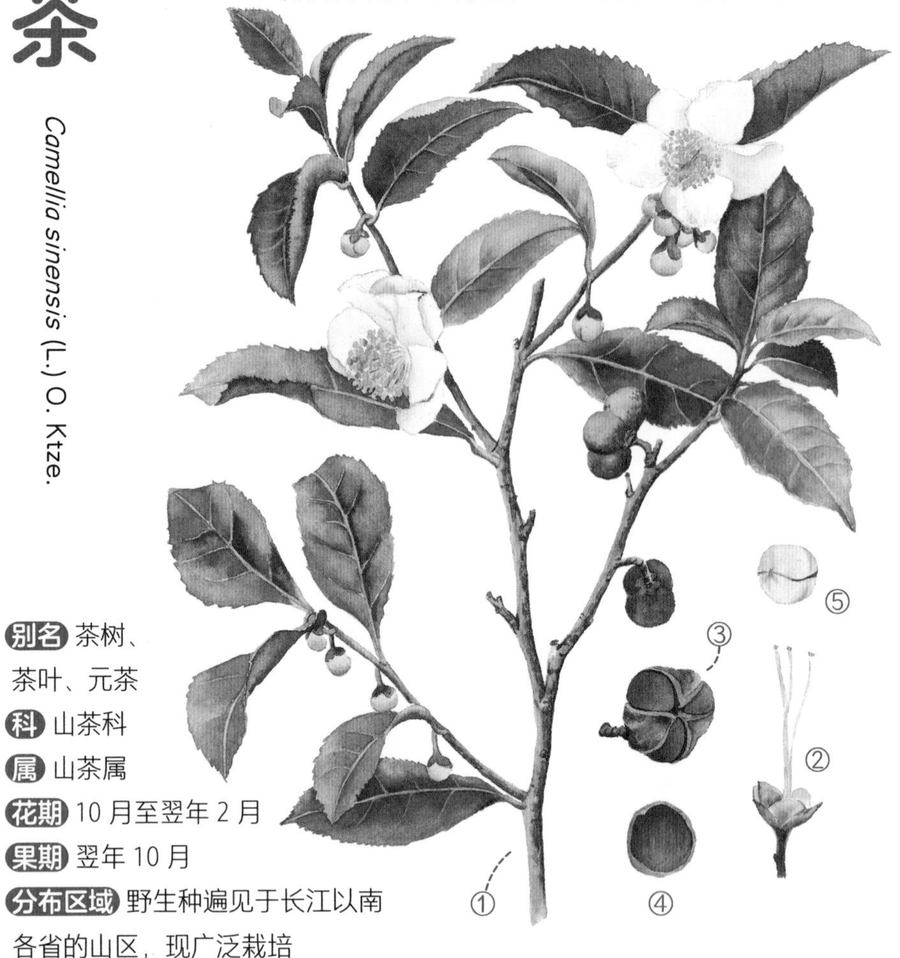

别名 茶树、茶叶、元茶

科 山茶科

属 山茶属

花期 10 月至翌年 2 月

果期 翌年 10 月

分布区域 野生种遍见于长江以南各省的山区，现广泛栽培

虽然都叫茶，可是不一样

我们平时喝红茶、绿茶、黄茶、白茶等，它们是用茶树叶子经过不同的加工方法制成的，而普洱茶则是另一种植物，生长在中国云南普洱地区。酥油茶不是植物，是藏族的特色饮料，是用酥油和茶叶煮制出来的茶。

喝茶为什么不困呢？

有人喝茶是为了解乏，大量喝茶后，熬夜看书都不会困。茶里有咖啡因，能提神醒脑；有茶多酚，能帮助人类抵抗一些有害细菌；还有芳香物质和茶氨酸，能给人类带来愉悦的口感。所以，喝茶会使人神清气爽，越来越有精气神。可茶也不能多喝，喝多了会影响睡眠。

茶圣和他的书

古代有个人叫陆羽，因为喜欢喝茶，又爱研究茶，还专门写了一本跟茶有关的书——《茶经》，被后人尊称为茶圣。《茶经》是世界上第一部关于茶叶的专著，被誉为“茶叶百科全书”。

关于茶叶的小秘密

茶树分为野生和人工栽培两种，过去的茶树是在自然野生状态下生长的高大乔木，能长到30米，树龄数百到上千年，那种叶片肥肥的古树普洱茶就是这样的种类。

现在我们喝的茶大部分都是人工栽培的，为了茶树长得更好，需要经常修修剪剪，所以茶树很少有超过2米高的。茶树的叶片是偏椭圆形的，边缘有锯齿，所以摸起来有点扎手。

人工栽培

野生

如果你们还想知道更多的信息，欢迎用问题轰炸我！

——植物博士留言

“外面真的越来越冷了，”乐乐打电话给安安，“现在好多植物都枯萎了……”

电话里，安安听得出乐乐有些担心，因为北方的降温来得实在太快，最近电视里面的天气预报都在播报着寒潮的进展。

看着窗外萧瑟的景象，安安想了会儿，然后有了主意：“既然咱们北方这么冷，那我们就去南方的海南岛吧！”

上次安安的爸爸出差，从海南带回来许多特产，安安听爸爸说那里一年四季几乎都是夏季，安安一直想找个机会真正去看看那里的热带风光。

两家人来到海南岛，为了体验一下海边的热带风情，安顿好行李后，安安和乐乐就直奔海边的沙滩去了。

“没想到我们在这个时候还能穿上短袖和短裤！”乐乐坐在沙滩上，享受着此时的日光浴。湛蓝的海水漫延到天际，与湛蓝的天空相连，真是一幅绝美的画卷。

“咦，那是椰子树吗？”乐乐发现海滩不远处有几棵高大的树状植物。

安安和乐乐走近一看，这种树的树干高大且笔直坚挺，叶子像大大的手掌平展开，跟椰子树的确有几分相似。

“应该不是椰子树，”安安想起平时在电视和书上见过椰子的样子，对乐乐说道，“椰子树的树干要比这种树还要高，叶片也要更长一点，看看植物博士是不是认识这种像椰子树的植物吧！”

植物博士时间

TO:

乐乐、安安：

非常高兴又能收到你们邮寄的照片，你们一定去南方了吧？能从照片中感受到一种盛夏光景，不过这一点也难不倒我植物博士，照片中的植物是棕榈树。

你们肯定见过蒲扇，蒲扇就是用棕榈树的叶子制作而成的。

棕榈是我国栽培历史最早、分布最广的棕榈类植物之一，一般生长在低纬度地区，人们也喜欢叫它“棕树”。它喜欢温暖、湿润的气候，喜欢阳光，秦岭以南的很多地区都有它的身影，比如广东、广西、福建等。

棕榈树还是棕榈家族的“明星”植物，另外，椰子树、蒲葵树、槟榔树、王棕也是棕榈家族的成员。可能你不熟悉它们的名字，但是看到叶子，你一定恍然大悟，原来早已和它们相识了，这就像是新认识了一位老朋友。

后面还有我分享给你们的关于棕榈树的其他信息，不要忘记查看哦！

欢迎你们再次向我发起挑战！

无所不知的
植物博士

棕榈

Trachycarpus fortunei (Hook.) H. Wendl.

别名 唐棕、拼棕、中国扇棕、棕树、山棕

科 棕榈科

属 棕榈属

花期 4—5 月

果期 9—12 月

分布区域 长江以南各省区

棕榈全身都是宝

棕榈树叶可以用来编制许多东西，比如扇子等等。而棕榈树的树干也可以被当成木材，建造亭台楼阁、制造器具。棕榈树花在花苞期时，是可以食用的，营养丰富，可以生吃，也可以炒吃和煮吃。棕榈果可以经过压榨制作成棕榈油，棕榈油经过精炼分提，可以得到不同熔点的产品，有的可以食用，有的用于工业用途。

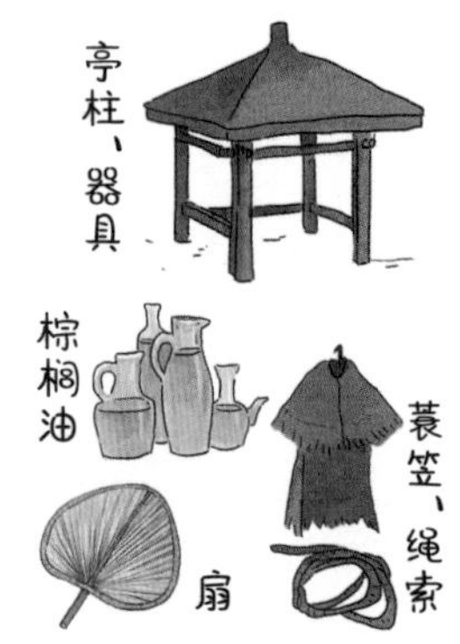

油棕种植带来的博弈

油棕

棕榈家族最出名的种类要数油棕，它特别高大，又很长寿。它是一种重要的热带油料作物，油可供食用和工业用途。油棕原产非洲热带地区，在我国台湾、海南及云南的热带地区都有栽培。

对于欧洲人来说，油棕的最大价值是可以制成人造奶油，因为它加工程序较为简单，又价格低廉，成为人们替代黄油的首选。印度尼西亚和马来西亚是新的油棕种植地。马来西亚现在是世界上最大的油棕油生产国，但油棕种植对马来西亚也造成了一定的影响，如热带雨林面积的大量减少，水土流失加剧，猩猩居住的家园变得越来越小。

如果你们还想知道更多的信息，
欢迎用问题轰炸我！

——植物博士留言

冬天真的到了，安安姑妈家附近的公园里的水杉树也变成了漂亮的焦糖色。这次，安安邀请乐乐一起去姑妈家，去公园看那初冬暖阳下发着光的水杉林。

在姑妈家吃过午饭后，乐乐跟着安安来到了离姑妈家不远的希望公园。映入眼帘的高大水杉树像披上了金红色的外衣，尤其在午后阳光的衬托下，像散发着温柔的暖光一样。

“哇！水杉真像一个个的宝塔！”一见到水杉，乐乐就被它们那尖塔形状的树冠所吸引，“我还是第一次见这种颜色的树呢！”

“它可不止这一种颜色哦，”一提到水杉的颜色，安安一下提起了兴趣，“春天它的树叶是绿色的，到了秋天变成黄色，而冬天就成了这种漂亮的焦糖色，我还拍过照片呢！”

说完，安安拿出相机给乐乐看之前拍过的水杉照片。

“姑妈还告诉过我，水杉是一种特别古老的植物，是我国特有的‘活化石’呢！”安安看到之前的照片，想起了姑妈的话。

“我记得植物博士说过，银杏也是一种古老的植物呢！”乐乐想起植物博士的回信，连忙补充道。

“好厉害！我都有一种穿越时空的感觉了！” 安安抬头看着高大挺拔的水杉树，“或许植物博士会知道关于水杉更多的信息！”

植物博士时间

TO:

乐乐、安安：

很高兴收到你们的照片，上面这可是国家一级保护植物——水杉，我曾经也在这个季节专门拍摄过水中的水杉林，颜色真的太美了。

我可是知道很多关于水杉的秘密哦！水杉的历史很长，大概在一亿年前的中生代白垩纪，当时地球的气候十分温暖，北极不像现在那样全部覆盖着冰层，水杉的祖先在那时就已经生活在北极圈附近了。后来水杉逐渐南移到欧洲、亚洲和北美洲。到第四纪冰川到来时，各洲的水杉相继灭绝，只有一小部分在我国华中一小块地方幸存下来，可是科学界却认为它已经消亡了。

直到 1943 年，我国植物学家在四川、湖北交界的山区发现了三棵从未见过的奇异植物。1946 年，科学家们证实它们就是一万年前在地球上生存过的水杉，是世界上珍稀的孑遗植物。这个发现震惊了全世界，此后逐渐有国家引种栽培水杉，它也走出了中国，足迹几乎遍布全世界。这一植物界的“活化石”终于摆脱了濒临灭绝的命运，焕发出新的生机。

一粒种子要经过怎样的千锤百炼才会长成参天大树？当我们观赏水杉的时候，我时常在想，我们其实也在观照人类自身。

欢迎你们继续向我发起挑战！

无所不知的植物博士

水杉

Metasequoia glyptostroboides Hu & W. C. Cheng

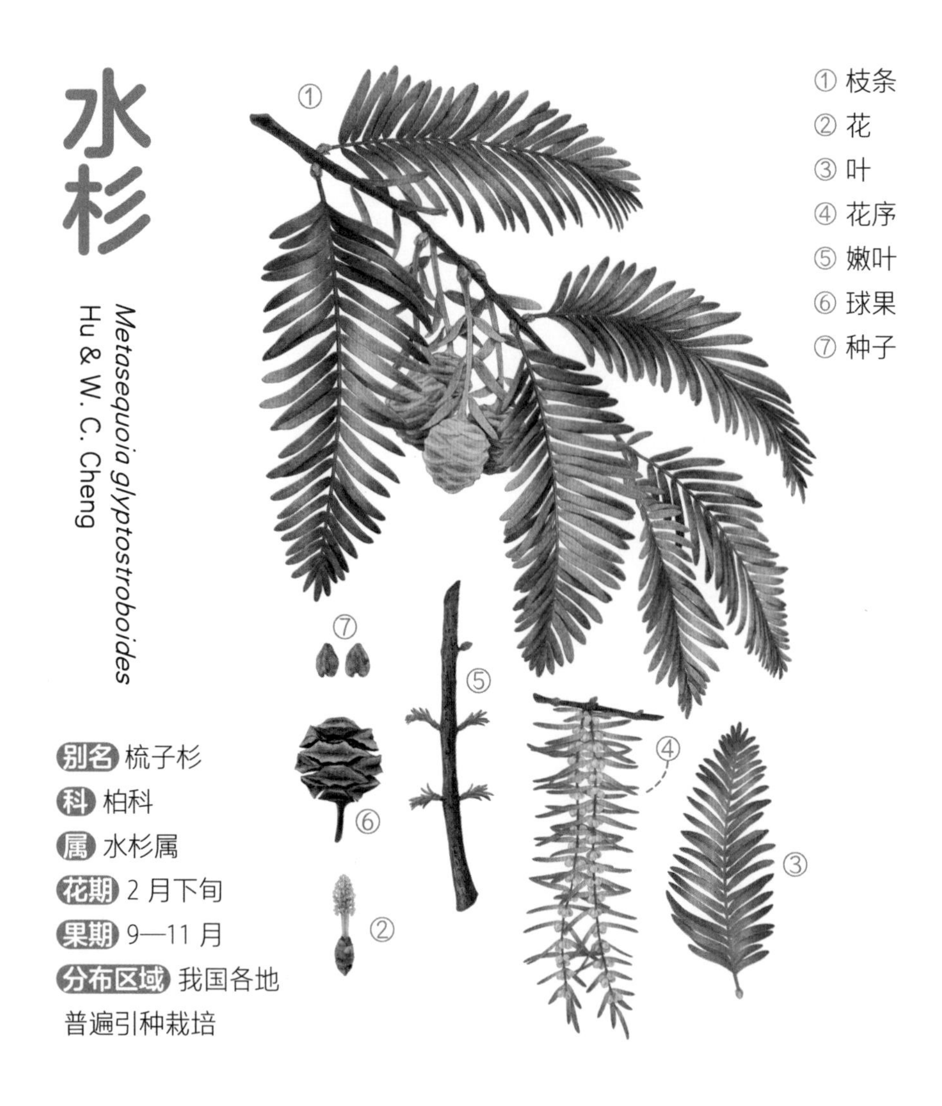

① 枝条
② 花
③ 叶
④ 花序
⑤ 嫩叶
⑥ 球果
⑦ 种子

别名 梳子杉
科 柏科
属 水杉属
花期 2 月下旬
果期 9—11 月
分布区域 我国各地普遍引种栽培

珍稀植物大盘点

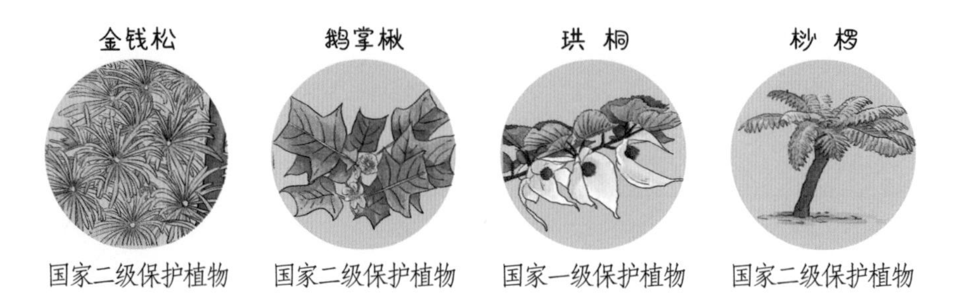

国家二级保护植物　国家二级保护植物　国家一级保护植物　国家二级保护植物

“树木巨人”比身高

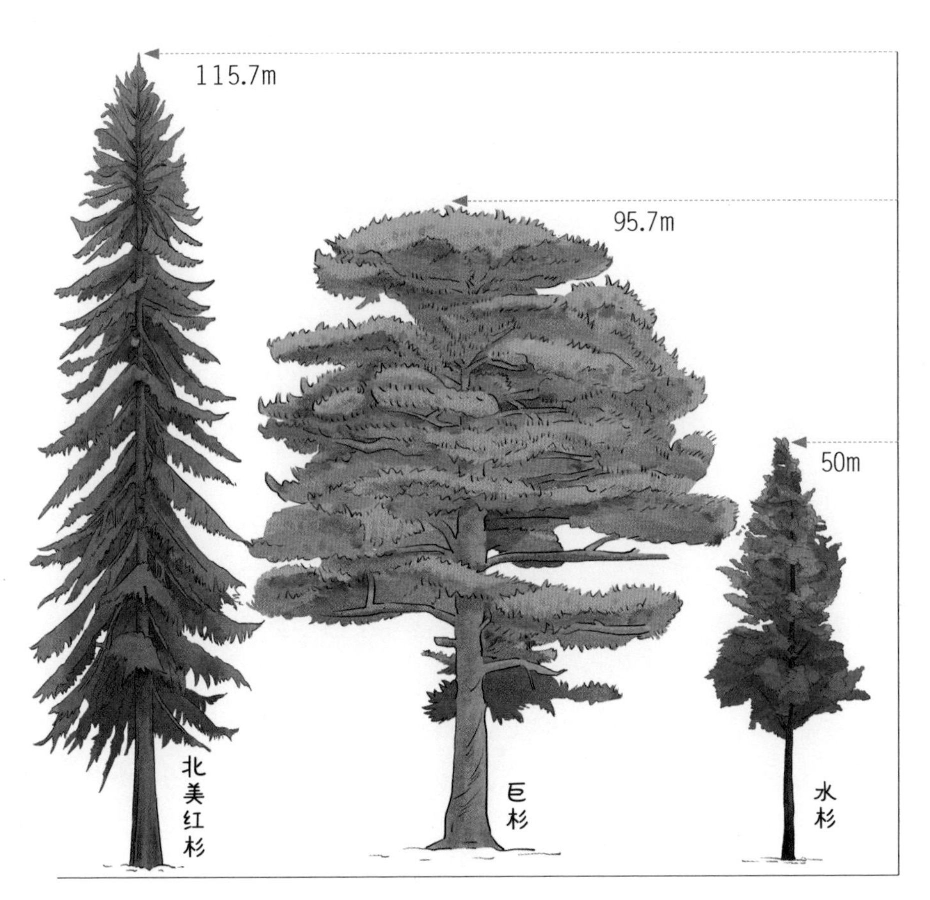

北美红杉，是一种针叶树，属于柏科。“红杉”这一称谓可以指加州红杉，也称“北美红杉”。是最高的树，也是最瘦长的树。

巨杉，它是柏科巨杉属唯一物种植物，或叫巨型红杉，相对会矮一些。树干最粗最壮，十分雄伟。

水杉，1943 年在中国发现的珍贵树种。树形优美，国外已有约 50 个国家和地区引种栽培。

如果你们还想知道更多的信息，
欢迎用问题轰炸我！

——植物博士留言

安安在今天的语文课上，听老师讲了一种生长在沙漠的植物：生，一千年不死；死，一千年不倒；倒，一千年不朽，它叫作胡杨。

放学后，安安和乐乐碰头一起回家。

安安把语文课上老师说的植物告诉了乐乐，乐乐听后直接瞪大了眼睛，“真的会有这种树吗？！”

“它是胡杨树，”安安按捺不住内心的激动，“它们是生长在西北地区的植物，我太期待看到看到壮观的胡杨景观了！”

转眼到了寒假，安安和乐乐两家约好去新疆南部的塔克拉玛干沙漠自驾旅游，他们准备一起好好感受一下来自沙漠的壮观景象。

第一次离开家这么远，安安和乐乐没有半点不适应，还在路上开心地哼着歌。一直到了连绵的沙漠中，两个人都一直兴奋地讨论着即将见到的胡杨。

终于到了胡杨林，远处的胡杨就像沙漠里的“沙漠之花”，远远就能看到一片片挺立在沙丘之上的胡杨林，在荒凉的沙漠中显得格外引人瞩目，瞬间透出一股无限的生命力。

来到一处方便泊车的地方，安安的爸爸迅速将车停在一旁。

可安安和乐乐下车后，却发现并没有看到语文老师所描述的像金色海洋的胡杨林，看到的，却是冬季自带的那种萧条感。

“那有一棵枯萎的胡杨树！”乐乐惊喜地跑过去，“它到底是怎样在这种恶劣的环境下屹立不倒的呢？”

安安想起老师在课堂上说的那些话，不禁感叹胡杨顽强的生命力和坚韧不拔的毅力。这棵胡杨树虽已是枯木，但依然不屈地屹立着，无论烈日或是严寒，它的身躯像一名战士一样，同恶劣的自然环境顽强抗争，为我们阻挡风沙。

“植物博士会不会了解这种沙漠中的植物呢？”安安拿出了照相机，“而且，到底什么时候才能看到金色的胡杨林呢？”

TO:

植物博士时间

乐乐、安安：

很高兴收到你们的来信，没想到你们居然去了那么遥远的沙漠！但可不要小看我植物博士，照片中的植物别看是一棵枯树，我依然认出了它，它就是沙漠里的英雄树——胡杨。

提起沙漠，就会让人联想起干燥酷热、风沙肆虐。可是，尽管环境十分恶劣，却也有植物在那里顽强生存，它们就是被称为“沙漠勇士”的胡杨树。胡杨耐干旱，也耐风沙，能够长到 10 米以上，是少数可以生长在沙漠地区的高大树木。如果你们仔细看，就会发现它有些叶子是针状的，这样可以减少水分的流失。我想，你一定听说过“胡杨生而千年不死，死而千年不倒，倒而千年不朽”的说法。胡杨的寿命很长，是因为沙漠的昼夜温差大，白天气温达 40 摄氏度以上，而夜里又降到零下 30 摄氏度以下。这种环境，使得胡杨的寿命比一般的树木要长，加上其惊人的抗干旱、御风沙、耐盐碱的能力，使它能够顽强地生存于沙漠之中，阻挡风沙，保护农田，就像威武的勇士守卫着自己的家园，因而又被人们赞誉为“沙漠勇士”。当然，我也看到你们的疑问了，你们算是问对人了！南疆的胡杨林最佳的观赏期在每年的 10 月中旬到 11 月初，这 20 天是它们最美的时候哦！但是冬天去，就只能看到它们光秃秃的树枝了。

欢迎你们继续向我发起挑战！

无所不知的植物博士

胡杨

Populus euphratica Oliv.

① 成熟枝 ② 枝条 ③ 果序 ④ 萌枝叶

别名 胡桐、英雄树、异叶胡杨、异叶杨、水桐

科 杨柳科

属 杨属

花期 5月

果期 7—8月

分布区域 我国西北地区

胡杨是沙漠宝树

胡杨全身都是宝。胡杨的木料耐水抗腐，历千年而不朽，是上等的建筑和家具用材。胡杨树叶富含蛋白质和盐类，是牲畜越冬的上好饲料。胡杨木纤维长，是造纸的好材料，枯枝则是上等的燃料。胡杨的嫩枝是荒漠区的重要饲料。

植物水位探测仪

胡杨具有强大的根系和含碳酸氢钠的树叶，它的根系能伸展到浅水层，吸收生长所需要的水分。科学家根据胡杨生长痕迹就能判断沙漠里哪里有或曾有水源，而且还能判断出水位高低。

特别的储水本领

胡杨还有一套储存水的本领，一旦碰上雨季，胡杨的树干可以把从根部吸收上来的水储存起来，为以后的长期干旱做准备。曾经有学者测试过，在胡杨的树干上钻个孔，就会有大量的水喷涌而出，甚至可以射出1米之外！这足以说明，它的储水能力有多强大！除了快速吸水、大量储水，胡杨还特别善于节约用水。例如，它的细嫩枝叶上长满了毛，这样的结构使它可以有效地保持体内水分不易被蒸发。

会流泪的树

胡杨树干的结疤或裂口处会分泌出一种液体，但很快会变干成为白色的固体，这就是人们常说的“胡杨泪”。其实这是胡杨的一项“绝技”，它能通过树干或树叶，把从沙漠中吸收的多余的盐碱排出来，这样就不会受到盐碱的侵蚀了。

如果你们还想知道更多的信息，
欢迎用问题轰炸我！

——植物博士留言

第七章 最好的总会在不经意间出现！

这一次，安安很快就收到了来自植物博士的回信。

“说不定这次是好消息哦！”安安激动地拿着信封来到乐乐跟前。

然而，植物博士还是准确地认出了照片中的胡杨，尽管知道了什么时候能看到金黄色的胡杨林，但两人激动的心情又一次失落了起来。

“又是这样……”乐乐低着头，双手揉搓着衣角，说出来的话都变得有些沙哑。

原本两人还在计划着下一个寻找植物的地点，可是现在，乐乐突然觉得那份神秘大礼离自己特别遥远，想打败植物博士的愿望顿时也没了当初那般强烈。

安安回想起一路寻找植物的过程，从身边到郊外，又来到了山上，最后为了寻找更稀有的植物甚至去了更远的地方……

“可能我们真的打败不了植物博士了……”安安说话的语气也有些低沉，眼神中也透露出无法掩饰的失落。

外面的天空灰蒙蒙的，远处只能看见初升的太阳在厚厚的云层里透出的那点昏暗的淡橘色光线，很沉闷，就像安安和乐乐此时的心情。

“我们还是回家吧。”安安轻轻拍了拍坐在旁边呆呆地看着外面天空的乐乐，回过神后的乐乐开始跟着安安一起收拾着回家的行李。

在回去的路上，安安看到窗外的荒凉渐渐远去，路旁的村舍和杂树也渐渐多起来了。离开了这片生活着胡杨的大沙漠，望着远方无畏风沙、像战士一样屹立不倒的胡杨树，安安仿佛有些心事。

几天之后，安安和乐乐终于回到了各自的家。

此时的窗外飘落着些许小雪花，迎来了冬天的第一场雪。

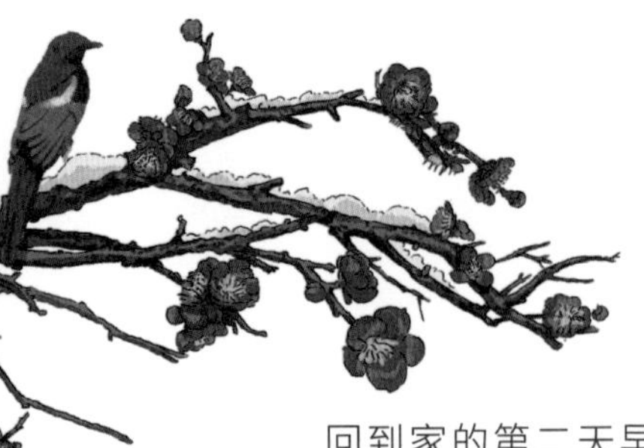

回到家的第二天早晨，拉开窗帘后安安就看到，外面白茫茫一片——树木、房屋和街道好像披上了银装，闪闪发亮。

安安约上乐乐和几个好朋友，准备在植物园的雪地里打雪仗，好好放松一下。

中场休息时，乐乐隐约闻到了梅花的清幽香气，环顾四周，发现前面不远处是一片梅花树。

“快看！”乐乐喊着还在整理衣服的安安，“冬天的树枝都光秃秃的了，梅花能在冬天开花，真的好神奇！”

“你还记得语文课上学的那首王安石的《梅花》吗？”安安朝着那边望去，笑着对乐乐说，“其中的那句‘凌寒独自开’，说的就是在寒冬开放的梅花！”

梅花在安安的眼里，就像是误入凡间的高贵仙子，超凡脱俗，端庄大方，不惧风雪的欺压，冷冷地凝视着远方。

两人走近观赏起枝头上的梅花，这些梅花有的含苞欲放，有的则大方地挺立枝头，傲然绽放，尽管没有绿叶的衬托，但却红得美不胜收。细看花瓣上，还挂着一颗颗的小冰晶，在阳光的照射下闪着金色的光芒。

“明明很多花都会在春天开放，为什么梅花会不一样，喜欢在冬天绽放呢？”乐乐说出了心中的疑惑，“梅花这么特别，植物博士会不会不知道呢？”

“梅花这么有名，植物博士肯定猜得到，我们不会成功的……”安安想起之前一次次失败的经历，无奈地说，“不过，这个问题可以等开学问一下咱们的语文老师！”

过了个有意思的春节，安安和乐乐快乐的假期也结束了。

不过，他们来到学校的第一件事，就是等到课间的时候，跑到办公室找语文老师。

两人可喜欢语文老师了，她不仅博学多识，每次见到自己的学生也总是微笑着，眼睛眯成月牙，显得十分和蔼可亲。同学们都喜欢带着问题来办公室请教她，安安和乐乐也不例外。

终于到大课间了，安安和乐乐跑到办公室，缠着语文老师给他们讲梅花的知识。

面对请教问题的孩子们，语文老师也马上放下手头上的工作，为他们讲起了这颇有气节的梅花。

“梅花自古就深得文人的喜爱，它同‘松’和‘竹’合称为‘岁寒三友’。”老师说着，翻开了办公桌上的一本植物书籍，“为什么只有在冬天才能看到它开花呢？其实，梅需要经过低温来形成花芽，而最适合它开花的温度在 -5 ~-7 ° C，这时正是中国大部分地区的冬季。”

“那它会开多久呢？”乐乐托着腮帮，开始对梅花越来越有兴趣。

“在长江流域，它的花期会从 12 月持续到持续到翌年 3 月，独放于百花之前。”老师轻轻合上书，仔细想了想，接着对两人说，“北方地区的梅花开放较晚，通常要到 3 月或 4 月。但是无论在南方还是北方，凌寒开放的梅花都可以说是非常有气节的花。”

安安听了老师的话，脑袋里渐渐浮现出寒假里和乐乐见到的那迎雪吐艳、凌寒飘香的梅花，一股敬意涌上心头，不由得开始走神了。

“梅花铁骨冰心的崇高品质和坚贞气节鼓励了咱们中国人，它也逐渐成为不畏艰险、奋勇开拓的精神象征呢。”老师的话把安安的思绪拉了回来，“时间不早了，老师还有其他想跟你们分享的有关梅花的知识，放学后可以再来找我哦！”

“好！”安安和乐乐蹦蹦跳跳地回到了自己的教室里，开始期待着放学。

很快到了跟老师约好的放学时间，下课铃一响，两人就以百米冲刺的速度，直冲到语文老师的办公室。

只见老师的桌子上，摆满了关于梅花的资料。但最吸引安安的，是那幅绘制的梅花图。

语文老师看到两人跑得气喘吁吁，眼睛又笑成了月牙。

“我们经常在照片或古人的书画作品中看到梅花，”老师招呼安安和乐乐坐在自己的旁边，“梅花的花瓣有 5 片，有白、红、粉多种颜色，花瓣较密集且厚重。”

安安和乐乐仔细欣赏着老师拍摄的梅花照片。虽然，梅花没有牡丹那般雍容华贵，也没有水仙的婀娜多姿和菊花的高贵典雅，却有着在严寒中怒放的脱俗傲骨。

“梅树里有用来观赏的花梅，也有可以结出果实的果梅，”老师补充道，顺便打开了为孩子们准备的纪录片，“果梅的果实，就是我们常说的梅子，它们是可以吃的，生食可生津止渴，也可制成话梅、梅干等各式蜜饯和梅酱、梅膏等物，还可以制酒，据说梅子酒是优良的果酒，在日本和韩国广受欢迎。”

安安和乐乐第一次从纪录片里学到了很多，原来小小的梅子也可以制作成许多美食。

看完纪录片后，老师拿出了语文课本，对孩子们说：“还记得上学期我们一起学过的王安石那首《咏梅》吗？人们喜欢梅花的高尚品德，所以咏梅的诗就特别多，除了这首诗，还有许多以‘梅’为主题的诗句。”

说着，老师拿出了提前为孩子们准备好的诗句资料。

“你们看，‘驿外断桥边，寂寞开无主。已是黄昏独自愁，更著风和雨’，这是陆游的《卜算子·咏梅》。”老师顺势指了指资料中的古诗，“‘待到山花烂漫时，她在丛中笑’，我们的伟人和诗人毛泽东也写过一首《卜算子·咏梅》。”

“‘不要夸人好颜色，只留清气在人间’，我看到了大画家王冕的《墨梅》！”乐乐眼尖，看到了老师手中的资料，欢呼着说，“这首诗我还会背呢！”

老师笑眼弯弯，继续对孩子们说道：“在古代，每年冬天梅花盛开的时候，有学问的人就喜欢赏梅花，《红楼梦》里就有类似的场景，说的是贾宝玉写诗写输了，大家罚他冒着雪去妙玉那里要红梅的故事。”

安安和乐乐听得入了神，有关梅花的故事真不少。

这下，所有疑问都解开了，老师还带着他们了解了更多有关梅的知识。

为了方便孩子们观察得更细致，老师亲手绘制了有关梅的各部位。临走时，老师把它送给了安安和乐乐。

安安和乐乐走出校门，心里都美滋滋的。

“真是充实的一天啊！”

梅

Armeniaca mume Sieb.

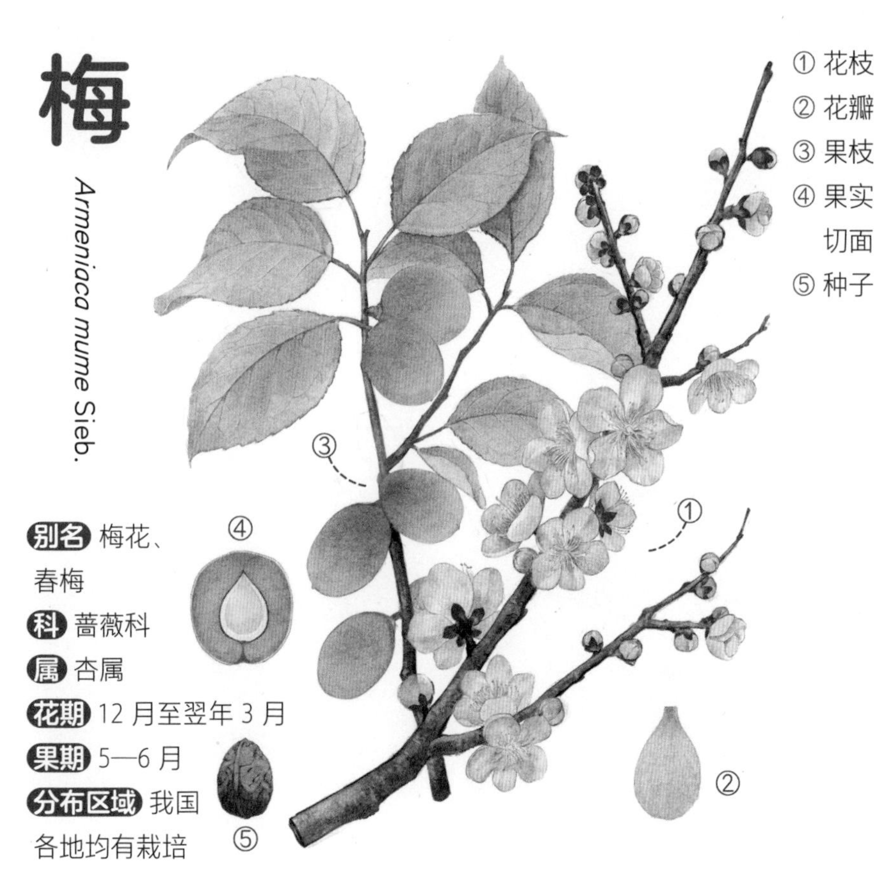

① 花枝
② 花瓣
③ 果枝
④ 果实切面
⑤ 种子

别名 梅花、春梅
科 蔷薇科
属 杏属
花期 12 月至翌年 3 月
果期 5—6 月
分布区域 我国各地均有栽培

时间过去了很久，新的一年到了夏天。

在过去的这段时间里，乐乐一直在准备学校新学期即将举办的短跑比赛，安安也参加了学校组织的各种兴趣小组。

植物博士的挑战任务一直还在继续，给植物博士写信投递的人也从未减少。但是，新学期忙碌起来后，安安和乐乐也渐渐不再去想植物博士发布的挑战任务了。

最近的雨下了整整两天，虽然天气阴沉沉的，尽管安安喜欢听淅淅沥沥的下雨声，但一直下雨大家也吃不消。好在大雨终于在今天停了。

安安迫不及待地想出门呼吸一下外面的新鲜空气，顺便帮妈妈在南边小公园的水池旁采一些菖蒲回来，为临近的端午节做准备。

雨后的空气带着丝丝飘香的泥土气息，安安穿好雨鞋，蹦蹦跳跳地来到小池塘边。

跳着跳着，突然，安安脚踩到一种软绵绵的东西上。

脚上的奇怪触感一下子激起安安的好奇心，她立马回头蹲下来查看，只见那是一片长在地上的细小绿色植物，手摸起来像地毯一样，毛茸茸的，特别舒服。

“它们生长得好密集啊！”安安使劲趴下去看，就在脸快要贴到地面的时候，安安突然想起自己书桌抽屉中的小放大镜，连忙起身回家拿了过来。

“哇！用放大镜看果然不一样！”安安被放大后的微观世界震惊到了，“这样就能看到它小小的叶子，还有茎，真的太神奇了！”

“它们是什么呢？”这时，安安突然回想起植物博士发布的那条任务，“放大镜下植物的样子，也许植物博士没见过吧……”

“这次就再试最后一次吧！”安安拿出相机，将放大镜下的绿色小植物小心地拍了下来。

照片寄出去许久，始终都没有等到植物博士的回信。

安安坐在书房的电脑前，打开浏览器，漫不经心点进植物博士的主页，希望可以看到植物博士的线上动态。

就当点进去的那一刻，一条置顶消息出现在安安眼前，原本托着腮帮的她一下子惊喜地跳了起来！

安安拍下的植物竟然难住了无所不知的植物博士！！！

植物博士在全网公布了一则消息：

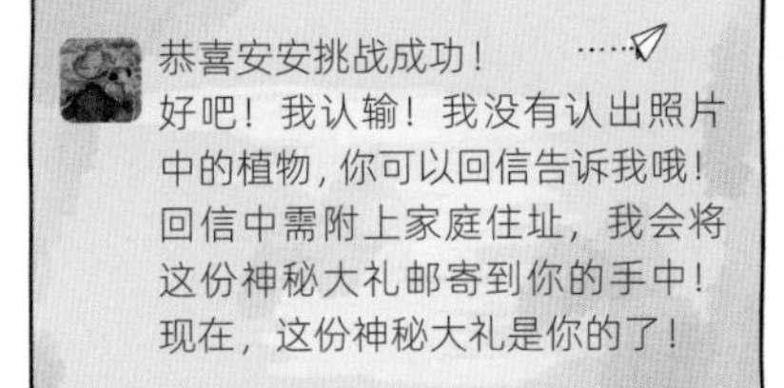

"我不是在做梦吧！植物博士没认出这种植物，我竟然成功了！"安安简直不相信自己的眼睛。

安安激动地冲出书房，第一时间打电话告诉了乐乐这个好消息，并把那天在小公园拍下的植物发给了他。听到挑战成功，电话那边的乐乐也激动得欢呼起来。

不过看到照片后，乐乐也犯了难，他也不知道这是什么。

挂断电话后，安安正为这件事犯愁，因为不认识这种植物，就没办法给植物博士回信。这时，妈妈接过安安的照相机，仔细看了看后，笑着说道："这就是苔藓呀！"

接着，妈妈从阳台端过来一小棵盆景，对安安说道："这棵小盆景里下面覆盖的一层绿色的小植物，就是刚才妈妈说的苔藓。"

"原来这种植物就在我们身边呀！"安安仔细地端详了一下眼前的这棵小盆景，转身来到电脑前，"既然知道了它的名字，那就好说了！"

"这次轮到我们给植物博士做科普了！"

葫芦藓

Funaria hygrometrica Hedw.

① 全株
② 孢蒴
③ 叶
④ 花

别名 石松毛
科 葫芦藓科
属 葫芦藓属
繁殖期 4—6 月
分布区域 全国各地

你好呀，植物博士：

其实照片中的植物是苔藓植物中的一种，叫葫芦藓，只不过那是我把它用放大镜放大后的样子。这种苔藓类的植物，我们会在台阶上、老树上，以及园艺景观中看到它们的身影。可因为它们的不起眼，我们往往认为它们是低等植物。其实，它们是高等植物中最原始、最低等的那个族群，苔藓没有真正的根、茎、叶的划分，它们只是用身上的细胞模拟成根茎叶的样子而已，它们不会开花，用孢子繁殖。

生命力极强的苔藓！

苔藓有着顽强的生命力，有时环境实在太过恶劣，有的苔藓干脆就休眠了。2014 年，英国科学家对南极永冻层采集到的一部分苔藓泥炭核样本进行了解冻。一个多月后，沉睡 1500 多年的一种针叶离齿藓，竟然奇迹般地在当地复苏了！它开始发芽、生长。

还有一种叫“齿肋赤藓”，它来自荒漠，那里降水极度稀少，阳光炽热。齿肋赤藓就会进化出一套特殊的“器官”来抗旱。它们不像别的植物通过根吸水，而是可以靠叶片顶端一种叫作芒尖的特殊结构，从空气中收集、利用水分直接运输给叶片，来适应干旱的荒漠环境。

我学会了种植苔藓盆景

①采集苔藓。

②往玻璃容器里放栽培基质，从下往上依次是：碎石子、活性炭、枯杂草、土壤。

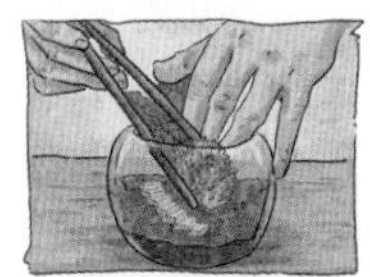

③把苔藓种植在土壤中。

④给新栽的苔藓喷水。

最后，非常感谢您，植物博士，带我们了解了这么多有趣的植物！发现植物并学习知识的过程非常愉快，我感觉自己对植物越来越感兴趣了！

这是我和好朋友乐乐搜集到的有关苔藓的资料，查阅了资料我们才知道，苔藓小小的身躯却有如此强大的生命力！如果您知道更多有关苔藓的信息，非常期待您回信给我们！

安安

植物博士时间

安安：

你好，也代我向你的好朋友乐乐问好！能收到回信我非常开心，因为我实在是太好奇照片里的植物是什么了，毕竟我可是自认为能辨认出天下所有植物的植物博士，这个世界上怎么会有我不知道的植物呢？

可是你真的找到了，你的新发现难倒了我，恭喜你！恭喜你成为这个世界里第一个挑战成功的人！也感谢你告诉我这种植物的名字，以及关于它们的有趣知识！

其实，看到答案的时候我真的是大吃一惊，毕竟苔藓这种植物可是生活中很常见的，我也是略知一二呢。下面，我会把我所了解的有关苔藓的知识补充给你哦！

苔藓是一类神奇而又极具毅力的植物，可以说，它们可是陆地上最早的“拓荒者”之一。我们知道地球上最早的生命——藻类是孕育在海洋里的，同样，它们也是第一批走出海洋、登上陆地的生命。大概 4 亿多年前，某种藻类演化成了一种苔藓，然后踏上了陆地，紧接着，它在那原始的不毛之地生根发芽，在新的领地拓展它的生命。而在后面数次生物灭绝中，苔藓也非常幸运地存活下来，一直到现代社会，依然随处可见它们的身影。别看苔藓非常小，但是它在潮湿的环境下会生长得非常旺盛，会立刻建造起一个“苔藓帝国”。就这样，它依靠着强大的生命力和适应能力在世界范围内繁衍生息，种类达到了20 000多种，所以，科学家喜欢把它称之为真正的先锋植物。

而且，苔藓在演化的进程中，还会“顺便”帮帮别人。它会把贫瘠的岩石和土壤转化成适合其他植物萌发和生长的环境，可以说没有苔藓植物，就没有蕨类和显花植物，也不会有日后如此丰富多彩的陆地生命世界。

当然啦，苔藓也有不同的种类，像你发现的这种苔藓，因为顶部长着一个葫芦状的孢蒴而被称为葫芦藓，还有泥炭藓之类的很有趣的苔藓，如果你感兴趣的话，可以多多了解这种比恐龙存在的时间还要久远的古老植物哦！

以上就是我补充的关于苔藓的知识。这次我没有认出苔藓来，我认输！因为，我忽视了身边这种细微的植物。其实，越细微、越常见的植物越不应该被我们忽视，它们身上也蕴含着巨大的价值和能量，它们也一直坚强地生活在这个星球上，谱写着自己的生命篇章。感谢你发现了微小的苔藓，也希望你们也要一直保持这探索的好奇之心哦！

再次恭喜你！现在我会将这份神秘大礼邮寄到你的手中！

最后，祝愿小小植物学家在今后的考察中一切顺利！

无所不知的
植物博士

和植物博士的回信一起到的，是一份神秘大礼。这可是全世界独一份呢！对安安和乐乐来说，这份神秘大礼就像是宝贝一样，是他们挑战了一年多之后获得的胜利果实。

他们一起读完了植物博士的回信，然后一起小心翼翼地打开了礼物盒，一张张精美的植物科学画映入眼帘。

“哇！好漂亮的植物画呀！”乐乐兴奋得叫了出来，“而且，都是我们一起寻找过的植物！植物博士竟然都还记得它们！”

安安激动地从乐乐手中接过植物博士寄过来的植物科学画，仔仔细细地看着上面每一个小细节。这些植物画太精致了，像真的一样。现在看着它们，安安仿佛又看到了当初那个翻山越岭去寻找植物、挑战植物博士的自己。

“打败植物博士的植物真的在不经意间出现了！竟然是小小的苔藓！”

乐乐还在欢呼着，而安安拿着科学画，眼睛里闪烁着光芒，就像最初挑战植物博士那样充满着希望。

“是呀，就算再小、再不起眼的植物，我相信，也一定有它的价值和能量。而且，只要我们一直坚持不懈地去做一件事，就总会有成功的这一天！”

图书在版编目（CIP）数据

自然学习指南：出发！寻找中国植物 / 米莱童书著绘 . -- 北京：北京理工大学出版社，2024.7

ISBN 978-7-5763-3937-6

Ⅰ . ①自… Ⅱ . ①米… Ⅲ . ①植物—中国—少儿读物

Ⅳ . ① Q94-49

中国国家版本馆 CIP 数据核字 (2024) 第 090379 号

责任编辑 / 李慧智　　文案编辑 / 李慧智

责任校对 / 刘亚男　　责任印制 / 王美丽

出版发行 / 北京理工大学出版社有限责任公司

社　　址 / 北京市丰台区四合庄路 6 号

邮　　编 / 100070

电　　话 / (010)　82563891（童书售后服务热线）

网　　址 / http://www.bitpress.com.cn

版 印 次 / 2024 年 7 月第 1 版第 1 次印刷

印　　刷 / 雅迪云印（天津）科技有限公司

开　　本 / 710 mm × 1000 mm　1/16

印　　张 / 7

字　　数 / 150 千字

定　　价 / 38.00 元